눈금
위에 놓인
세계

SI

강태원 구자용 박병천
박창용 이동훈 이승미
최재혁 지음

P 필로소픽

"측정표준"의 모든 것

박현민
한국표준과학연구원 원장

　1875년, 열일곱 국가가 프랑스 파리에 모여 미터협약을 체결해 복잡하고 제각각이던 질량 및 길이 단위의 기준을 정했다. 그리고 그로부터 140여 년 만인 2018년, 제26차 국제도량형총회에서는 일곱 개의 기본단위를 영원히 불변하는 상수값으로 정의할 수 있게 되었다. 이러한 일이 현실이 될 수 있었던 것은 인류가 지금까지 이루어온 과학과 기술의 발전이 밑거름이 되었기 때문이다.

　한 가지 아쉬운 점은 새로운 정의가 과거에 비해 어려워져서 과학기술 분야를 공부한 사람들만이 이해할 수 있게 되었다는 것이다. 기존의 정의는 쉽고 직관적으로 이해할 수 있었지만 새로운 정의는 고전역학뿐 아니라 양자역학을 공부해야만 이해할 수 있는 전문적인 영역이 되었다.

　측정단위 발전의 역사는 물리학, 화학, 천문학, 수학, 기계학, 재료학 등 과학기술 전 분야의 발전과 궤를 같이한다. 또한 각 시대마다 우리의 삶과 정치, 경제, 사회, 문화의 모든 영역에 영향을 미쳤고, 인류 역사의 중심에서 영향력을 발휘해 왔다. 이 책은 근대 이후의 과학기술의 역사와 측정단위의 역사가 상호영향을 미치면서 발전해 온 흥미진진한 이야기를 풀어내고 있다.

국가 측정표준 대표기관인 한국표준과학연구원의 연구 현장에서 몸소 연구하고 있는 일곱 명의 전문가가 일곱 가지 기본단위 각각의 발전사를 지난 300여 년 동안의 과학기술 뒷얘기와 버무려 흥미진진한 스토리로 만들어냈다. 현장의 연구자들이 가능한 한 쉬운 언어를 쓰고, 심지어 가상의 인물을 등장시켜 과학적 사실 발견의 역사를 기술하여 일반인들이 쉽게 다가갈 수 있도록 한 점은 이 책이 갖는 가장 큰 장점이다.

이 책은 또한 과학적 사실에 관한 책이다. 다만 수리과학적 수식 없이 쉽게 쓴 책이다. 그동안 과학기술자들은 보편적인 척도를 찾기 위해 끊임없이 노력해 왔다. 이러한 과학기술자들의 헌신적인 노력, 그리고 이를 계속 이어 나가고 있는 한국표준과학연구원 연구원의 측정표준에 대한 열정이 이 글을 읽는 독자들에게 공감되길 바란다. 이에 덧붙여 그동안 이 책을 만들기 위해 힘을 쏟아준 일곱 연구원의 노고에 심심한 감사의 말씀을 드린다.

마지막으로, 이 책을 통해 많은 독자들이 측정표준의 역할을 새롭게 인식하고, 미래표준의 필요성에 대해 공감하고 지지하게 되길 바라며, 미래의 측정 과학자를 꿈꾸는 학생이 많아지기를 더욱 기대한다.

목차 ○°

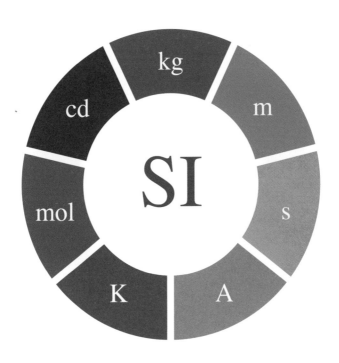

일러두기

1. 본문에 나오는 단위의 정의 및 국제도량형총회 결정 사항의 출처는 모두 『국제단위
   계 [제9판] 한국어판』(한국표준과학연구원, 2020)이다.
2. 단위와 숫자의 표기 역시 같은 책의 방식을 따랐다.

존재감 없이 존재하는
측정과 표준

"한국표준과학연구원은 무엇을 연구하는 곳인가요?" 첫 만남에서 명함을 교환할 때 흔히 듣는 질문이다. "단위를 비롯한 표준과 측정을 연구합니다."라는 대답에 상대방은 고개를 갸우뚱하기 일쑤다. '표준과학이란 것도 있나? 게다가 이미 다 쓰고 있는 단위에 관해 대체 뭘 할 게 있다는 걸까?' 하는 표정이다. 그렇다. 단위와 표준은 상당히 생소하고 따분한 주제로 여겨질 수 있다. 하지만 만약 내가 이렇게 대답하면 어떤 표정이 될까? "당신이 키를 재거나 시계를 보는 것 같은 일상을 가능하게 하는 것, 모든 생산과 거래 및 국제 무역이 가능하게 하는 것, 심지어 비행기와 우주선 폭발을 방지하는 것까지, 현대인의 모든 것이 우리 연구와 관계가 있다." 어쩌면 이 말에 놀랄지도 모르지만, 전혀 과장되지 않은 대답이다.

1999년 9월 23일 새벽 2시 27분, 미국항공우주국NASA 산하기관

인 제트추진연구소 관제소 직원들은 오감을 곤두세운 채 화성기후
관측위성으로부터의 신호를 기다리고 있었다. 10분, 20분, 30분,
1시간, 시간이 흐를수록 지상관제소 직원들의 웅성거림은 초조함
과 더불어 커져 갔다. 그러나 아무리 기다려도 위성으로부터 신호
는 없었다. 관제소장은 절망했다. 발사한 지 9개월이 흐른 후에 드
디어 화성 궤도에 돌입하자마자 위성이 실종된 것이다. 3년의 개발
기간과 6억 달러 이상의 연구개발비가 공중분해, 아니 우주 분해되
고 말았다.

대체 무엇이 문제였을까? 긴급 구성된 특별조사반이 샅샅이 추
적하여 찾아낸 사고 원인은 다름 아닌 단위였다! 위성 속도 변화를
계산하는 소프트웨어 안의 변수 하나가 국제단위계가 아니라 미국
인들이 일상에서 쓰는 파운드 단위로 계산하도록 짜여졌는데, 문제
는 최종 계산된 수치가 단위 변환 없이 다른 프로그램으로 전달되
었다는 것이었다. 있어서는 안 될 실수였다.

단위가 다른데 숫자만 가져다 쓰면 어떤 일이 벌어질까? 한마디
로 말하자면, 도저히 못 쓴다. 허리둘레 67센티미터짜리 바지 대신
에 허리둘레 67인치짜리 바지를 입겠다고 우기는 것과 마찬가지
라고나 할까. 바지 한 벌쯤이야 우스개지만, 위성이나 비행기라면
이것은 차원이 다른 이야기가 된다. 1999년에는 미터와 피트를 착
각해서 너무 낮은 고도로 착륙을 시도하다가 화물기가 추락해 버린
사건이, 1983년에는 비행기 급유 때 단위를 착각하는 바람에 연료
가 모자라 도착지도 아닌 곳에 간신히 불시착한 사건이 실제로 있

었으니 말이다.

화성기후관측위성의 경우에는 계산된 힘 값이 원래의 의미보다 4.45배 작게 고려된 셈이었다. 그 수치를 사용하다 보니 위성이 화성의 공전궤도에 맞추어 엔진 분사를 미세 조정하는 과정에서 궤도에 제대로 진입하지 못하고 화성 대기와 마찰을 일으켜 타버리고 만 것이다. 모든 게 단지 단위의 혼용 때문에 벌어진 일이었다. 이 사고 이후에야 비로소 NASA에서 사용하는 모든 단위는 국제단위계로 통일됐다. 미국이 1875년 파리의 미터협약에 가입한 지 124년 만이었다.

미터협약이란 무엇일까? 이것은 길이의 단위 미터를 정하고 국제 공용으로 사용하기로 협정한, 세계 최초의 국제단위협약이다. 당시 활발해진 국제무역과 통상을 위해서는 단위의 국제적 통일이 필요했다. 미터협약은 또한 과학적으로도 의미가 깊은데, 미터의 발명이야말로 근대 측정과학의 시작이기 때문이다. 1875년 5월 20일 프랑스 파리에서 17개국이 참여한 미터협약이 체결된 이후, 5월 20일은 세계 측정의 날로 기념되고 있다. 비록 공휴일은 아니지만 각국의 측정표준 대표기관들에서는 반드시 기념식이 열리는 중요한 날이다.

1 미터는 프랑스혁명 직전 프랑스 과학아카데미의 제안에 따라 지구 사분자오선 길이의 천만분의 일로 결정되었다. 과연 그것이 얼마만큼인지를 알아내기 위해 선발된 두 천문학자 들랑브르와 메솅은 혁명과 전쟁의 진통을 겪고 있던 유럽을 두 발로 걸어 측정했다.

그들은 적국 첩자로 오인되어 투옥되거나 감금당하는 과정에서 부상을 입기도 했다. 무려 7년에 걸친 긴 여정이었다. 우여곡절 끝에 1799년 사분자오선의 길이를 결정했고, 그에 따라 최초로 길이가 1 미터인 백금제 미터막대를 만들 수 있었다. 이에 대해 프랑스의 정복자 나폴레옹 황제는 "정복은 순간이지만 이 업적은 영원하리라."라는 말을 남겼다. 현재 세계 대부분의 국가에서 미터를 포함한 국제단위계가 표준으로 자리매김하고 있으니, 예언은 실현된 셈이다. 정복자 나폴레옹은 예언가로서의 능력도 높았나 보다.

그렇다면 미터 이전에는 단위가 없었을까? 그렇지는 않다. 고대 이집트에서는 피라미드를 건축할 때, 왕인 파라오의 팔 길이를 기준 삼은 로열 큐빗을 사용했다고 한다. 중국의 진시황제도 국토 통일 이후의 대표 치적이 다름 아닌 도량형度量衡의 통일이다. 도度는 길이 재는 자, 양量은 부피 재는 되, 형衡은 무게를 다는 저울을 뜻하는데, 어느 시대 어느 국가든 통치 세력은 도량형을 틀어쥐곤 했다. 왜냐하면 이것이 바로 백성들로부터 세금을 걷어내는 수단이기 때문이다. 프랑스혁명 직전의 프랑스 귀족 계급이 그러했고, 조선 시대 탐관오리들도 그러했다. 미터가 발명된 이유도 도량형을 마음대로 정할 수 있는 프랑스 귀족 계급의 권리를 박탈한 후 국가적 차원으로 모두에게 평등한 기준을 만들자는 열망이 반영된 것이었다. 자유, 평등, 박애가 프랑스혁명 정신 아니던가. 만인이 평등한 잣대를 만들자는 게 당시 프랑스 과학아카데미의 의지였고, 그렇게 만인에게 평등한 지구 둘레를 기준 삼자며 미터에 관한 아이디어가 나왔던 것이다.

한편 조선 시대가 배경인 사극에서는 품에서 마패를 꺼내 보이며 "암행어사 출두요~"라고 외치는 장면이 나오곤 한다. 엄밀히 따지면 마패는 요즘으로 치자면 공관 차량 허가증에 가깝고 정말로 중요했던 증표는 품속 깊숙이 감춘 유척鍮尺이었다. 유척은 놋쇠로 만든 조선 시대의 표준자였다. 음률을 맞추는 황종척, 거리를 측정하는 주척, 제례에 이용하는 예기척, 옷감을 재단하는 포백척, 부피를 재는 영조척, 이 다섯 가지를 모두 새겨 넣은 만능 자가 바로 유척으로서, 아무나 가질 수 있는 게 아니었다. 암행어사는 지방관리들이 세금을 제멋대로 올려받는 건 아닌지 검사하기 위해 관청의 척도와 유척을 비교했다. 예를 들어 관청에서 쓰는 영조척이 유척의 영조척보다 눈금이 더 넓다면, 관청의 관리들이 백성에게 세금을 필요 이상으로 많이 걷어 횡령한다는 명백한 증거였다. 탐관오리가 암행어사에게 벌벌 떠는 이유는 마패보다는 유척 때문이었다.

프랑스혁명기에 탄생한 미터는 다른 단위의 발명도 촉진했다. 미터협약으로 탄생한 국제도량형국BIPM, 국제도량형총회CGPM, 국제도량형위원회CIPM는 미터원기와 킬로그램원기를 제작하기 시작했다. 1889년 제1차 CGPM은 미터와 킬로그램에 관한 국제원기를 인준했고, 이로써 미터-킬로그램-초를 기본단위로 하는 3차원의 역학적 단위계가 마련되었다. 1939년에는 전류의 단위 암페어 추가가 제안되었고, 1946년 CIPM에서 승인되었다. 1954년 제10차

CGPM은 열역학 온도의 단위 켈빈과 광도의 단위 칸델라 도입을 승인했고, 1960년 제11차 CGPM에서는 이 여섯 개의 국제단위계를 통칭하는 SI라는 명칭이 부여되었다. 그뿐만 아니라 접두어, 유도단위, 보충단위, 기타 사항에 관한 규칙도 정해졌다. 바야흐로 모든 측정단위의 종합 설명서가 이때 마련된 셈이다. 1971년 제14차 CGPM에서 물질량을 측정하는 새로운 기본단위 몰을 채택함으로써, SI의 기본단위 수는 7개가 되었다.

기본량 명칭	기본단위 이름	기본단위 기호
시간	초	s
길이	미터	m
질량	킬로그램	kg
전류	암페어	A
열역학 온도	켈빈	K
물질량	몰	mol
광도	칸델라	cd

▲ 국제단위계(SI) 기본단위

　과학기술의 발전에 따라 측정과학도 발전해 왔으며, 이에 따라 국제단위계도 진화했다. 더 정확하고 정밀한 측정이 가능하다면 당연히 적용해야 하지 않겠는가? 단위의 정의는 모든 과학의 근간이 되는 측정과학의 최첨단이다. 국제단위계는 진화를 거듭했고 마침내 2011년 제24차 CGPM은 SI 단위를 물리학의 기본상수와 원자의 성질과 같은 불변량과 연결시키기로 했다. 7개의 상수를 기본단위의 정의 참조 기준으로 삼는, 새로운 정의 원칙을 채택한 것이다. 하지만 그 값을 정하는 실험값의 일관성이 달성된 것은 2018년이다.

2018년 11월 16일, 프랑스 베르사유에서 개최된 제26차 CGPM에서는 SI 중 무려 4가지 기본단위인 킬로그램, 암페어, 켈빈, 몰이 각각 그 값이 고정된 플랑크 상수, 기본전하, 볼츠만 상수, 아보가드로 상수를 기반으로 재정의되었다. 참여한 51개 정회원국 만장일치의 찬성이었다. 개정된 SI는 2019년 5월 20일 세계측정의 날부터 발효, 현재 적용되고 있다. 7개 기본단위의 정의는 7개의 정의 상수 수치와 정확히 관계되나 일대일 대응은 되지 않는다. 많은 기본단위가 하나 이상의 정의 상수를 필요로 하기 때문이다. 기본단위는 서로 얽혀 있고, 또한 상호 진화한다. 2018년 재정의는 물리상수를 기조로 하기에 재정의의 완결본이라 할 수 있다. 쉽게 말해, 재정의된 4가지 — 질량, 전류, 열역학 온도, 물질량 — 의 단위에 관해서는 더 이상의 재정의는 없을 것이다.

단위가 재정의된다 해서 일상생활에 변화가 있는 것은 아니다. 정의가 바뀌는 근본적인 철학적 변화이지만, 인류 문명에 혼란을 유발해서는 안 된다는 게 단위 진화, 단위 재정의의 기본 원칙이다. 어제까지는 160 센티미터였던 내 키를 오늘부터는 320 센티미터로 부르기로 하자고 한다면, 그 누가 하루아침에 그 변화를 수용할 수 있을까? 유럽연합에서 각국의 화폐 대신 유로화를 쓰게 되기까지도 수년간의 계도 기간과 혼용 기간을 거쳤었다. 하루아침에 단위가 바뀐다면 테러 없는 폭동과 비슷한 상황이 초래될 것이다. 국제무역은 중단되고 유통도 마비되며, 자본주의 산업체계가 흔들리게 되리라. 재정의의 변화는 측정과학의 최전선에서 일하는 측정과학자들에게만 감지되어야 하고, 일반 시민들의 일상생활에는 변화가 없어야 한다. 실수 없이 열심히 일해야 하되 티가 나면 안 된다고나 할까. 이러다 보니 "측정과학이란 게 대체 뭔가요? 이미 잘 쓰고 있는 단위를 연구할 필요가 있나요?"라는 말을 듣게 되는 것인데, 측정과학자 입장에서는 다소 억울한 면이 있다.

당연하게 작동되어야 할 것들이 존재감을 드러낼 때는 오직 문제가 커졌을 때뿐이다. 어쩌면 세상은 존재감 없이 존재하는 것들을 기반으로 지탱되고 있지는 않을까. 마치 물과 공기처럼 말이다. 측정 없는 과학도, 단위 없는 일상도 없다. 현대 과학문명과 현대인의 삶의 기본에는 측정과 단위가 있다.

이 책은 시간, 길이, 질량, 전류, 온도, 물질량, 광도라는 일곱 가지 기본단위를 현장과학자들의 목소리로 들려준다. 시계 없이도 시간을 알 수가 있을지, '스타워즈의 광선검'은 과연 실제로 만들어낼 수 있는 것인지, 십만 볼트인지 백만 볼트인지 논란이 있는 피카츄의 공격력은 얼마나 짜릿할지, 단위가 재정의되었다는데 내 몸무게가 과연 줄어들었다는 것인지 등, 일상의 질문에서 시작하여 단위와 측정과학의 세계로 이어지는 이 책이 독자들께 재미있게 다가가기를 바란다. 그리고 본문의 표기 방식에 대해서 말해 두는 게 좋을 것 같다. 이 책에서는 국제도량형총회CGPM의 결정을 따라 모든 단위를 앞의 숫자와 띄어 썼다. "수치는 항상 단위 앞에 쓰고, 수와 단위를 구분하기 위하여 항상 빈칸을 둔다."는 표기법을 준수한 것이다. 그래서 이 책에서는 평소에 자주 보는 '70kg' 대신에 '70 kg'을 발견하게 될 것이다. 또한 '299 792 458'과 같은 이 책의 숫자 표기가 낯설 수 있는데, 그 역시 CGPM의 지침(숫자는 읽기에 편리하게 세 자리씩 묶어 써도 무방하지만 각 묶음 사이의 띄어쓴 자리에 온점이나 반점을 사용해서는 안 된다)을 따른 것이다. 상세 내용이 수록된 『국제단위계 [제9판] 한국어판』은 한국표준과학연구원 홈페이지에도 올라와 있으니, 더 궁금하신 분은 찾아봐도 좋겠다. 측정과학의 세계에 오신 걸 환영한다!

마지막으로 추천사를 써주신 한국표준과학연구원KRISS 박현민 원장님, 함께 논의해 주신 KRISS 동료들, 사진을 제공해 주신 KRISS 홍보실과 황응준 선생님께 감사드린다. 또한 이 책이 출판되기까지 함께 힘써 주신 구윤희 선생님과 필로소픽 출판사에 감사드린다.

2021년 11월

이승미

참고 문헌

1 「프로그램 단위오차 탓에…화성 궤도위성 실종사건」, 오세백, 사이언스 온, 2012.10.12. (http://scienceon.hani.co.kr/61981)
2 「단위 착각, '아찔' 대형사고」, 김종화, 아시아경제, 2018.2.20. (https://www.asiae.co.kr/article/2018021916443926991)
3 한국표준과학연구원, 『국제단위계 [제9판] 한국어판』, 2020.

시계공의 꿈,
빅뱅에서 현재까지
오차는 1초

박창용

400년 전 어느 시계공이 만든 최초의 진자시계는 하루에 몇십 초씩 틀렸다. 그의 후예들이 만든 현대의 최첨단 시계는 100억 년 넘게 째깍거린다 해도 단 1 초가 틀리지 않는다. 그동안 무슨 일이 있었던 것일까?

B614는 내가 지구에 태어나기 전에 살던 행성이다.[1] 연두색 하늘에는 모닥불의 잉걸불처럼 검붉게 넘실거리는 해가 항상 떠 있다. 해를 안고 멀리 가면 해가 점점 높아져 머리 바로 위에 있고, 등지고 가다 보면 영원한 어둠 속에 별들만이 눈꽃처럼 빛나는 얼어붙은 땅에 도달했다. 이 행성의 자전은 공전과 주기가 같아서 해가 항상 그 자리에 있었다. 생명체들은 천천히 움직였다. 시간이라는 관념은 우리 B614인에게 존재하지 않았다. 세계가 통째로 있을 뿐이었다. 그 세계를 우리는 '콘둠'이라고 불렀다. 한 콘둠, 이것을 지구

---

1 이 글은 시간과 시계에 얽힌 역사적 사실과 재미를 위해 지어낸 이야기가 섞인 소설이다.

인 독자들에게 어떻게 이해시킬까? 그냥 인과의 한 뭉치라고 해두자.

우리는 기억을 자타카[2]에 옮겨 두었다가 환생할 때 되찾았다. 지구어로 표현하자면 일종의 양자 메모리[3] 형태의 영혼이다. 가끔 사고로 B614가 아닌 엉뚱한 곳에 태어나기도 했다. 태양이 가끔 강력한 전자기 폭풍을 일으키면 메모리 양자의 확률 파동[4]이 은하계 다른 지역으로 확대되기도 한다. 파동이 붕괴한 곳에 우리가 태어나는데 순식간에 어디라도 갈 수 있다.

그러던 어느 콘둠, 그 일이 내 자타카에도 발생했다. 내가 지구에 태어난 것이다. 유아기를 벗어나 어느 정도 사물을 인식하게 되었을 때 나는 무척 당황했다. 해가 움직이고 있었으니까. 생명체들은 민첩했다. 밤과 낮이 교차하는 환경에서 생존하며 진화해서일까?

지구인들은 어제, 오늘, 내일이라는 단어를 자주 썼다. 이해하는 데 오래 걸린 개념이었다. 어제와 오늘은 다른 콘둠인가? 처음에는 일종의 사건 분류 방법이라고 생각했다. 예를 들어, #2020-12-25. 내일이란 단어를 내가 과연 제대로 이해했는지 나는 여전히 잘 모

2　부처의 전생 이야기가 실려 있는 인도의 책 『자타카Jatakas』에서 빌려온, 이 소설 속 가상의 저장 공간.

3　전자, 원자, 이온, 광자 등의 양자 상태에 정보를 저장하는 방법으로 연구되고 있지만, 아직 완전히 구현된 적은 없다. 매우 짧은 순간 저장했다고 주장하는 실험도 있지만, 논란이 약간 있고 소설 속 자타카로 활용하기엔 아직 갈 길이 멀다.

4　양자가 '여기' 존재한다고 확실하게 말하기 전에 존재할 수 있는 '후보지들'의 목록을 파동 형태의 수학 함수로 표시한 물리학 용어.

르겠다. 내일은 아직 존재하지 않는 것에 대한 언어였다. '내일들'인 지구인의 일정표는 365칸마다 무언가로 빼곡하다. 시작도 전에 이미 1년이 존재하는 듯. 하지만, 나도 달력만큼은 정말 사랑한다. 특정한 숫자가 되면 회사가 월급을 주었으니.

시간의 개념에 대해서 조금씩 배워갔다. 어느 정도 감을 잡게 되었을 때 나는 지구인들은 시간의 흐름을 감지하는 감각기관을 가지고 있다고 믿었다. 그러나 곧 그렇지 않다는 걸 지구의 아이들 때문에 깨달았다.

아이들은 종종 출근하는 아빠에게 "아빠 언제 와?"라고 묻는다. 아빠는 시계를 보며 "작은 바늘이 6에 있을 때 올 거야."라고 대답한 뒤 바람처럼 사라진다. 나름 바쁜 일정을 소화한 아이들. 오후가 되니 슬슬 아빠가 보고 싶다. 그러나 시곗바늘은 왜 이리 느린지. 기다리기 지친 형이 꾀를 낸다. 아직 갈 길이 먼 시곗바늘을 6에 몰래 돌려놓는다. 동생의 감탄. "형아는 천재야." 과연 아이들이 틀렸을까? 천재 물리학자 아인슈타인도 시계가 가리키는 게 곧 시간이라고 했다던데.

나를 마지막까지 혼란스럽게 했던 것은 민첩한 지구인들이 균형을 잡고 공을 치고 노래를 하는 것이었다. 이런 게 과연 시간에 대한 감각 없이 가능할까? 지구인들을 오랫동안 관찰한 결과 내가 내린 결론. 움직이는 생명체의 마음에는 형태는 달라도 시계가 하나씩 있는 것 같다. 무엇이 흐른다는 이 느낌, 그것은 몸속에 내재한 시계와 외부에 있는 시계를 비교하는 것이다. 이 비교 행위가 무의

식에 자리 잡으면 시간이 흐르는 느낌을 준다는 게 내 결론이다. 나도 그렇게 시간의 흐름을 내 무의식에 박아 넣고 지구인이 되었다. 지구인으로 살기 위해 제일 먼저 해야 할 일이었다.

나는 지구에서 시계와 관련된 일을 400년간 계속했다. 지구인들은 수천 년 전부터 다양한 방법으로 시계를 만들어왔다. 거의 모든 고대문명에 처음 등장하는 시계는 해시계이다. 땅에 막대기만 꽂으면 해시계가 되지만, 실은 땅에 선을 그리는 방법이 그 문명의 지식 수준을 보여주었다. 물시계도 등장했는데 밤에도 시각을 알려주었고 동양의 어떤 나라 물시계는 인형이 나와서 종을 치기도 했다고 한다. 다른 시계도 있었는데, 까만 심지로 빛과 향을 내는 양초시계, 뒤집어도 가는 모래시계 등등 지구인들은 오감 만족 별의별 시계를 생각해 냈다. 그러나 정확도 면에서 큰 진전을 이루어내진 못했다.

그런 지구인들이 진자시계를 만들어낸 시점부터 그들의 지식이 폭발하기 시작했다. 내가 처음 지구에 환생한 때였다.

○°
진자시계, 찌그러진 지구를 발견하다

나는 이탈리아 피사에서 태어났고 수녀원에서 자랐다. 어느 가난한 부부가 나를 데려다 놓고 '안나'라는 이름만 남기고 사라졌다. 수녀가 되지는 않았지만, 피사 대성당 청소와 예배 준비를 가끔 도

왔다. 천장에 달린 샹들리에가 예쁜 성당이었다. 미사 시간에는 항상 샹들리에가 보이는 자리에 앉았다.

어느 날 차림새는 볼품없지만, 부리부리한 눈을 가진 청년이 내 옆에 앉았다. 그는 흔들리는 샹들리에를 오묘한 표정으로 보고 있었다. 갑자기 나는 손목을 그에게 내주어야 했다. 자신을 피사대학 학생 갈릴레오라고 소개한 그는 "안나, 부탁이 있소. 저 흔들리는 샹들리에의 주기를 재고 싶은데, 내 맥박이 요동쳐 힘드니 당신의 맥박을 좀 빌려주시오."라고 말했다. 중요한 발견을 앞두고 그는 몹시 흥분한 듯했다. 그가 조금만 더 잘생겼더라면 아마 그의 첫 진자 검증은 실패했을 것이다. 결과가 좋았는지 미사가 끝나자 그는 부리나케 집으로 돌아갔다. 며칠 후 그는 내게 다시 와 조수가 되어 달라 부탁했다.

그를 위해 내가 처음 한 일은 진자가 흔들리는 횟수를 세는 일이었다. 두 개의 진자를 동시에 세어 비교해야 했는데, 혼자서는 할 수 없는 일이었다. 진자의 길이와 추의 무게를 바꾸어 가며 세었다. 한 번이라도 세는 숫자를 틀리면 처음부터 다시 세어야 했다. 그렇게 우리의 끈기로 만들어진 데이터로 그는 '진자의 등시성'에 대한 논문을 출간했다. 그때가 지구 서력으로 1583년이던가, 갈릴레오는 갓 스무 살이었다. 그러나 젊은 갈릴레오는 진자로 시계를 만들 수 있다는 제안만 하고 정작 시계를 제작하는 일에는 관심을 두지 않았다. 다만 그가 진자로 만든 맥박 측정기는 의사들에게 꽤 인기를 끌었다.

그의 평생 연구 주제는 운동역학과 천문학이었다. 그는 자신만의 운동역학을 구축했다. 속도와 가속도의 개념을 처음으로 생각해 냈고, 지구 위의 모든 물체는 9.8 m/s²라는 똑같은 가속도로 떨어진다는 것을 알아냈다. 다음에 그는 어디선가 망원경을 구해 하늘을 보는 재미에 푹 빠졌다. 배율이 떨어지는 망원경에 만족 못 한 그는 20배율 망원경을 직접 제작했다. 달을 보았다. 달에도 지구처럼 산과 계곡과 그림자가 있었다. 지구와 다를 것이 무엇이란 말인가? 그는 지구가 유일무이하지 않다는 불경스러운 생각을 한다. 망원경을 목성으로 돌리니 목성을 돌고 있는 위성이 보였다. 그것도 네 개나! 이것은 심지어 지구가 우주의 중심도 아니라는 암시였다. 그는 성스러운 지구 중심 우주관을 발로 차버렸다.

갈릴레오가 역사를 만드는 동안 나는 갈릴레오표 맥박 측정기를 팔아서 제법 돈을 모았다. 돈은 그를 위해 요긴하게 쓰였다. 신성 모독죄를 범한 갈릴레오가 어떻게 종교재판에서 목을 유지했겠나?

케플러는 갈릴레오와 동시대에 지동설을 주장한 과학자였다. 그러나 케플러는 행성의 공전 궤도가 타원이라고 생각했고 갈릴레오는 원이라고 생각했다. 갈릴레오는 나에게만은 속마음을 말했다. "케플러 녀석, 완벽한 우주에 타원이라니, 그 이론이 엉터리라는 걸 증명하겠어!" 노년의 갈릴레오는 진자시계 제작에 관심을 보였다. 정확한 시계가 있다면 행성의 운동을 보다 정밀하게 관찰할 수 있기 때문이었다. 아쉽게도, 우리는 진자시계의 완성을 보지 못하고 비슷한 시기에 죽었다. 1649년 즈음인 듯.

나는 B614에 잠시 다녀왔다. 신앙 검열로 너무 피곤했던 지구에서 보낸 첫 삶, 요양이 필요했다. "지구는 신들에게도 지옥이다. 신성해져야 하는 어려움 때문에!" 친구들에게 갈릴레이 종교재판 이야기를 들려주자 B614에 유행한 농담이다.

내가 지구에 없는 동안 지구인들은 꾸준히 진자시계를 연구했다. 이미 지구인들은 오래전부터 기계식 시계를 만들어 썼다. 해시계나 물시계와 달리 기계식 시계는 언제든 시간을 알려주고 몸에 지니고 다닐 수도 있으니 편리했다. 기계식 시계에는 여러 방식이 있었는데, 폴리옷이라는 진동자와 굴대 탈진기를 사용하는 방식이 대표적이었다. 묵직한 추로 시곗바늘을 돌리고 폴리옷 진동이 추가 내려오는 속도를 조절한다. 그러나 정확도가 형편없어 하루에 수십 분씩 틀리는 시계였다. 인공 장치의 한계였다. 무엇인가 절대적인 법칙을 따르는 방법이 필요했다. 1657년, 네덜란드인 하위헌스[5]는 갈릴레이식 진자를 실용화한 진자시계를 최초로 만들었다. 이 시계는 지구 중력이 달라지지 않는 한 틀릴 리 없는 시계였다. 그런데 이 당연한 이치와 달리 최초의 진자시계는 하루에 수십 초씩 틀렸다. 도대체 이유가 뭔가?

하위헌스는 최초로 자연과학에 수학적 기법을 본격적으로 적용했다. 진자의 주기에 대한 현대적인 수학 관계식을 만든 것도 그였

---

5 Christiaan Huygens(1629~1695).

다. 그의 연구 결과, 진자의 등시성이 참이려면 진자의 추는 원이 아닌 사이클로이드⁶라는 곡선 위를 움직여야 했다. 그렇게 하자 시계의 오차는 하루에 수 초 이내로 줄었다. 진자의 공기저항도 오차를 발생시키는 원인이었는데, 진자의 팔길이를 늘리고 흔들리는 각을 줄이자 진자의 움직임이 느려지면서 공기저항이 작아졌다. 이후로 진자시계는 키다리 괘종시계 형태가 된다.

진자시계는 매우 빠르게 유럽 전역으로 퍼져나갔다. 진자가 만들어내는 '시간'을 이용해서 길이를 정하자는 아이디어가 나왔다. 이것을 초진자라고 불렀다. 2 초의 주기를 갖는 진자의 길이를 1 미터로 하자는 것이다. 현대 미터 정의로 바꾸어보면 약 99.4 센티미터이다. 정말 멋지지 않은가? 길이와 시간 두 개의 기본단위가 진자를 통해 묶이는 것이다. 대통합이론에 매혹된 현대의 과학자들처럼 그때의 과학자들도 이 제안을 열렬히 지지했다.

하지만, 기대와 달리 2 초를 만드는 진자의 길이가 위도에 따라 달랐다. 난감했다. 무엇이 문제인가? 1687년 뉴턴은 지구는 자전에 의한 원심력으로 약간 납작해졌고 중력도 이에 따라 찌그러져 있다는 가설로 초진자 이상(?) 현상을 설명했다. 지구가 찌그러져 있다니! 우주의 중심이었던 지구의 성스러움이 갈릴레오의 발에 차인 후 다시 한번 굴욕을 당하는 상황이었다. 그런데 누구도 신성모독이라는 등 시비를 걸지 않았다. 쿨하게 '자오선 따라 위도 1도의 길

---

6 구르는 바퀴 위의 점이 그리는 궤적.

이를 재서 지구의 곡률을 알아보면 되지.'라고 생각하는 시대로 변했다. 고작 반세기 만에! 파리 과학아카데미는 북극과 적도까지 지구의 곡률을 구하기 위한 원정대를 보냈고 원정대의 활약으로 지구가 타원체인 것이 확인되었다.

1720년대에 들며 진자시계가 점점 정확해지자 밤과 낮과 계절에 따라 달라지는 대기의 온도도 문제라는 것을 알게 되었다. 열팽창으로 진자의 팔길이가 길어지면 시계는 미세하게 느려졌고 짧아지면 빨라졌다. 당시의 자로는 측정할 수 없었던 길이 변화를 진자시계는 안 것이다. 영국의 시계공 그레이엄은 수은 기둥 진자를 써서 팽창(또는 수축)으로 인한 길이 변화를 체온계처럼 오르락내리락하는 액체 수은 기둥으로 보상했다. 얼마 뒤 또 다른 시계공 해리슨은 열팽창률이 다른 두 금속을 팽창(또는 수축)이 상쇄되는 방향으로 이어 붙인 진자를 만들었다. 이런 식으로 만든 진자시계는 오차가 일주일에 1 초 이내로 줄었다.[7]

업그레이드된 진자시계는 가끔 천문시간으로 보정을 해주면 매 순간 1 초도 틀리지 않은 시각을 언제나 제공했다.

17, 18세기는 지구인의 과학이 빅뱅을 일으킨 시대였다. 뉴턴역학은 태양계를 모순 없이 설명했다. 갈릴레이, 케플러, 하위헌스, 그리고 뉴턴! 이 거인들의 어깨 위에서 지구인들은 엄청난 속도로 지

---

7 https://en.wikipedia.org/wiki/Pendulum#Mercury_pendulum

식을 확장했다.

○° 18세기의 GPS, 블랙펄에 자유를

　18세기 중후반, 지구에 다시 태어난 나는 영국에서 유년을 보냈다. 부모가 누군지 이번에도 모른다. 우리를 키워 주신 분이 쌍둥이를 방앗간에서 발견했는데 참새 떼가 보호하고 있었다고 한다. 내이름은 샘 스패로, 이번 생의 주제는 모험이다. 내 몸은 출력이 큰 페라리 같았지만, 세상을 관찰하는 시선은 여자였던 전생보다 해상도가 떨어졌다. 그만큼 세상이 작아진 것과 같았다. 모험은 좁아진 세상을 다시 넓히는 좋은 해결책이었다. 나는 항해사가 되었고 동생 잭은 해적선 블랙펄의 선장이 되었다.

　영국은 식민지를 점점 늘려 가고 있었다. 식민지에서 빨아들인 자원을 배에 실어 날랐다. 참다못한 미국은 영국에 저항해 독립했지만 힘없는 다른 식민국 땅 위에는 돌멩이만 남았다. 나는 무역선을 탔다. 남극을 뺀 모든 대륙을 가보았다. 대양을 건너는 배들은 크로노미터라는 것을 갖고 있었는데 내가 B614에서 휴양하고 있는 동안 앞에 잠깐 나온 해리슨이 발명한 항법장치다. 크로노미터 발명에 얽힌 이야기[8]를 해보겠다.

8　데이바 소벨의 저서 『경도Longitude』의 내용을 정리했다.

콜럼버스와 마젤란 이후, 바다는 신세계로 가는 통로였다. 어떤 이는 모험을 위해 어떤 이는 황금을 찾아 배를 탔다. 그러나 많은 배가 항해 도중 길을 잃고 영영 집으로 돌아오지 못했다. B614처럼 해가 한 자리에 고정돼 있다면 해의 각도를 보고 언제든 배의 위치를 알 수 있겠지만, 자전하는 지구에서 해는 계속 움직였다. 다행히 위도는 해의 남중 고도를 측정하여 정확히 알 수 있었지만, 자전 방향으로의 좌표인 경도는 그런 식으로 알 수 없었다. 뱃사람들이 안전하게 집으로 돌아오려면 뭔가 특별한 방법이 있어야 했다.

1714년, 뱃사람들의 청원으로 영국 국회는 '경도법'을 만들었다. 문제를 해결한 사람에게 상금 2만 파운드를 주겠다는 법이었다. 요즘으로 치면 수십억 원에 해당하는 가치였다. 아이작 뉴턴 경과 에드먼드 핼리 경[9]이 주도하고 천문학자, 수학자, 항법사 등의 위원으로 구성된 경도위원회가 '해법'에 대한 평가 및 관리를 맡았다.

시계를 이용하면 되는 문제였다. 원리는 간단하다. 어떤 항구에서 떠난 배가 지구의 반대편 어떤 곳으로 가려 한다고 하자. 두 곳의 시각차가 12시간이므로 배가 정확히 지구 반대편에 도착했는지 확인하려면, 출발했던 항구에 전화를 걸어 그곳의 시각과 현지의 시각을 비교해 보면 된다. 사소한 문제라면 그때 전화라는 게 없었다는 거다. 당시엔 출발한 항구의 시간에 맞춘 시계가 절대로 멈추지 않도록 잘 모셔 오는 방법뿐이었다.

---

9 핼리 혜성을 발견했다.

문제는 시계의 정확도였다. 항해하는 동안 시계에 누적된 오차 1분은 적도에서 거리로 27킬로미터의 오차를 주었다. 물론, 당시의 진자시계는 그보다 훨씬 정확했다. 문제는 흔들리는 배에서는 진자가 제대로 작동하지 않는다는 점이었다. 다른 방식의 시계가 필요했다.

거친 파도에도 굳건히 시간을 유지하는 인공적인 시계가 과연 가능할까? 이를 해상시계라고 부른다. 그러나 위대한 뉴턴은 "인간이 만든 어떤 시계도 파도의 요동, 바닷물의 염분과 습기, 사계절의 온도 차이를 다 겪어야 하는 항해를 견디고 해상시계에 필요한 정확성을 유지할 수 없다."라고 못 박았다. 뉴턴은 천문시계만이 유일한 해결책이라고 굳게 믿었다. 하늘은 온도 따위에 영향받지 않으니까.

천문시계 후보로 달과 행성의 궤적을 이용하는 방법이 제안되었다. 수십 년에 걸친 행성궤도에 대한 데이터와 로그표와 복잡한 계산 과정 때문에 전문가도 몇 시간씩 걸리는 일이었지만 경도위원회가 적극적으로 미는 방법이었다. 핼리를 비롯해 여러 천문학자, 수학자들이 이 연구에 가세했다.

존 해리슨[10]은 영국 북부 시골뜨기 목수이자 시계공이다. 그의 특기는 윤활유가 필요 없는 시계 만들기였다. 윤활유는 온도에 따라 점도가 달라져 정확도에 영향을 주었기 때문이다. 또 그가 개발

---

10 John Harrison(1693~1776).

한 탈진기는 기존의 탈진기에 비해 마찰이 적었고 시계에 밥 줄 때도 시계가 멈추지 않았다. 이종 금속 이어 붙여 열팽창 상쇄하기도 그의 전매특허였다. 이렇게 하나둘 쌓인 그만의 기술로 해상시계에 도전했다. 경도위원회가 결성된 지 십수 년이 지난 뒤였다.

30대 후반에 그는 해상시계 설계를 착수했다. 설계도가 완성되자, 시골뜨기는 설계도를 들고 핼리를 만나러 런던으로 갔다. 뉴턴은 죽었고 핼리가 그리니치 천문대 책임자였다. 경도위원회가 기계식 시계를 싫어한다는 것을 잘 알고 있던 핼리는 해리슨에게 조지 그레이엄을 소개해 주었다. 그레이엄은 실험 장치와 진자시계 제작에 실력을 인정받은 영국 왕립학회 회원이었다. 해리슨의 뛰어남을 알아본 그레이엄은 그의 든든한 후원자가 된다.

크로노미터라고 이름한 H1이 1735년에 완성되었다. 시계이자 완벽주의자의 예술품이었다. 반짝이는 황동으로 빚어진 34 킬로그램의 H1은 SF영화의 타임머신 같기도 하고 황금을 가득 실은 범선 같기도 했다. 갈릴레이식 진자 대신 스프링으로 연결된 두 개의 황동 공 시소가 좌우로 흔들리며 시각을 만들었다.

핼리와 그레이엄의 도움으로 경도위원회가 소집되어 H1에 대한 시험평가 이루어졌다. 해상시계 성공 조건에 '서인도 제도를 다녀오는 항해를 할 것'으로 되어 있지만, 경도위원회는 무슨 이유에서인지 H1 평가를 포르투갈 리스본까지만 갔다 오는 것으로 결정했다. 뭐지, 이 찝찝함은? 그래도 H1은 바다로 나갔다. 순탄치 않은 항해에도 H1은 잘 작동했다. 돌아오는 길에 배의 경로가 96 킬로미터 벗어난 것을 바로잡아 주기도 했다.

경도위원회는 H1이 성공했다고 결정했다. 그런데 어이없게도 그에게 2만 파운드가 아니라 500파운드만 지급했다. 서인도 제도를 다녀와야 하는 조건을 충족하지 못했기 때문이다. 이거였나? H1에 대한 재평가를 요청할 수 있었지만, 해리슨은 성공 소감을 말하는 자리에서 위원들에게 담담히 H1의 결점들만을 나열하고 더 완벽한 시계를 제작하여 평가를 받겠다고 했다.

완벽주의자는 말없이 H2 설계에 착수한다. 1741년 완성된 H2는 지상에서 이루어진 평가는 거뜬히 통과했지만, 바다로 나가지 못했다. 해리슨에게 호의적이었던 핼리마저 죽자 경도위원회가 교묘한 지연 작전을 벌인 것이다.

상 따위 집어치우자! 제대로 열받은 40대 후반의 해리슨은 자신의 작업실에 무려 17년을 틀어박혀 완벽한 해상시계의 완성만을 열망했다. 60대 중반에 완성한 H3는 더 가볍고 작아졌다(그래도 배낭만 한 크기에 27 킬로그램의 육중한 무게였지만). 혁신적인 아이디어로 기계적인 마찰이 더 줄었고 온도에 대한 저항성이 강해졌다. 몇 년 후엔 H4가 나왔다. 중성자별에서 압축하여 빚어내기라도 한 듯 손바닥 크기에 불과한 1.45 킬로그램의 은백색 금속 원반에 H3를 모두 넣어버렸다! 닳지 않는 다이아몬드 탈진기가 맥박처럼 뛰었다. 이 18세기의 GPS는 이제 주머니에 넣고 다닐 수 있었다.

1761년 해리슨의 아들과 H4는 자메이카로 향하는 배에 올랐다. 81일간의 항해 끝에 H4가 보인 오차는 불과 5 초였다. 거리로 치면 2킬로미터 오차인 놀라운 결과였다. 그러나 경도위원회는 이를 우연의 결과라고 주장하며 재시험을 요구했다. 동일한 항로로 2차 항해에서 보인 오차는 39초, 여전히 1714년 경도위원회가 제시한 조건을 넉넉히 만족하는 기록이었다.

그러나 이번에도 경도위원회는 상금의 절반인 1만 파운드만 주고 이런저런 이유로 완전한 성공에 대한 인정을 미루며 딴청을 부렸다. 핼리를 이어 왕립 그리니치 천문대 책임자가 된 해들리가 추진하는 천문시계[11]가 거의 완성 단계에 와 있었는데, 약간의 시간을 벌어주면 경도상의 영광(완전한 성공이라는 타이틀)이 이들에게 돌아갈 수 있는 상황이었던 것이다. 분개한 해리슨은 국왕 조지 3세에게 탄원하여 재시험을 요청했고 1773년, 마침내 해리슨에게 나머지 8750파운드의 상금이 수여된다. 해상시계에 도전한 지 43년, 해리슨이 경도 문제를 완전히 해결한 것으로 국가가 마침내 인정한 것이다. 그의 나이 80세였다.

크로노미터는 영국 배의 치트키였다. 지구의 모든 바다가 영국의 수중에 떨어진 거나 마찬가지가 됐다. 전 세계 인구의 4분의 1이 영

---

11 이 소설에서는 정황상 부정적으로 보이지만, 실제로는 항법시계Chronometer가 매우 비쌌을 때 저가의 대체재로 '항법용 천문시간표The Nautical Almanac'가 사용되었다. 이 시간표를 바탕으로 천체(달, 행성, 별)들 사이의 거리를 측정하면 현재의 시간과 지구상의 좌표를 계산할 수 있다. 정확한 시간표를 제작하려면 정밀한 천문시계가 필요했다. 즉 이 시간표의 정확도를 높이는 과정이 곧 천문학의 발전 과정이었다. 항법용 천문시간표는 1767년부터 1959년까지 해마다 갱신되어 발행되었고, 후에 '역표시Ephemeris Time'로 발전하여 세계표준시로서 오랫동안 중요한 역할을 한다.

국령에 속했고 영국은 해가 지지 않는 나라로 등극한다.

나는 무역회사 범선의 항해사가 되었다. 돈이 되는 곳이라면 어디든 갔지만, 크로노미터 덕분에 바다에서 길을 잃은 적은 없었다. 크로노미터는 매우 비쌌다. 한 기에 무려 500파운드(현재 시세로 1억 원)였다.[12] 그러나 크로노미터 한 기로 함대 전체의 시간과 목숨을 결정할 수 있다면 당연히 치를 대가였고, 그럴 값어치가 있었다. 정부는 H4의 판매를 제한했다. 이를테면 전략물자였던 것이다. 동생 잭은 웃돈을 주고라도 크로노미터를 사고 싶어 했지만, 해적에게 판매하는 것은 금지였다. 나는 다니던 회사 사장에게 부탁해 잭의 크로노미터를 대신 사주게 했다. 잭이 회사에 고급 정보를 제공하는 조건으로.

무역선을 타지 않는 날에는 잭이 블랙펄에 태워줬다. 남태평양 항해가 인상 깊다. 실수로 찍힌 작은 점 하나마저 없는 텅 빈 바다 위에서 몇 주 동안 수평선에 포위당한 블랙펄을 상상해 보라. 갑판에 서면 선수에 이는 파도만이 블랙펄이 움직이고 있다는 사실을 유일하게 알려주었다. 아무 일도 일어나지 않는다. 정말 아무 일도. 구름과 태양, 별을 친구 삼아 나아간다. 때론 그것들에 대한 믿음이 흔들리기도 한다. 심지어 크로노미터조차도. 이대로 영원히 육지를 못 볼 거라는 두려움이 생긴다. 번쩍! 심 봉사가 눈을 떴을 때 이런

---

12 한국표준과학연구원에서 한국표준시 유지를 위해 운용하는 수소메이저시계 한 대의 가격이 대략 3~5억 원 정도이고, 그보다 성능이 떨어지는 세슘원자시계의 가격은 약 5천만 원 정도이다.

느낌일까? 갑자기 초록색 군도가 눈앞에 펼쳐졌다. 신뢰를 잃었던 태양이, 구름이 갑자기 찬란히 빛나기 시작했다. 그렇게 만난 피지의 한 섬을 죽을 때까지 잊지 못했다.

이번 생은 무려 100세까지 살았다. 세계를 누비며 전설을 썼던 동생과 친구들은 무덤 속으로 하나둘 사라지고 내 이야기는 점점 구닥다리로 변해 갔다. 패러데이, 맥스웰, 볼츠만 등 새로운 거인들이 등장했지만, 새 지식을 따라가기에는 내 두뇌가 너무 노쇠했다. 노년의 유일한 낙은 베토벤의 음악뿐이었다.

°° 세계시 탄생 & 원자시계 시대

1870년, 나는 피지의 타우베니섬에 환생했다. 전생에 블랙펄을 타고 이 섬에 온 기억이 난다. 이곳에서 보낸 소년 시절은 모처럼 B614에서와 같았다. 여자친구과 나는 달팽이처럼 느렸다. 기쁨도 슬픔도 느렸다.

영국, 프랑스, 스페인은 지구를 돌며 끝도 없이 전쟁을 벌였다. 어느새 영국은 이 섬도 먹어 치웠다. 어느 날 영국인들이 와서 동네 한복판에 날짜변경선을 그어놓았다. 이제부터 이쪽과 저쪽은 다른 날이라고 정하고 돌아갔다. 그 선은 그냥 시멘트였는데 우리를 슬프게 했다. 하루가 이런 식으로 나뉘어도 되나?

우리는 매일 날짜변경선 위에 카펫을 폈다. 썩둑 썰어 우유와 라임에 절인 쫄깃한 하얀 생선살을 소복 품은 코코넛 그릇은 어제에, 야채와 소고기를 코코넛 즙에 버무려 달로 잎과 바나나 잎으로 감싸 뜨거운 돌에 찐 팔루사미는 오늘에 두었다. 우리의 작은 축제가 끝나면 지구 반대편 영국 그리니치 천문대에서는 별이 남중하는 것을 망원경으로 들여다보고 타임키퍼를 맞추었다.[13] 타임키퍼는 정확하지만 시각 측정이 불편한 천문시계의 빈칸을 채워 주는 보조시계이다. 주로 진자시계가 타임키퍼 역할을 했다. 영국의 국회의사당에 있는 빅벤도 일종의 타임키퍼이다. 타임키퍼의 최대 덕목은 '절대로 멈추지 않을 것'이다.

증기기관으로 움직이는 대륙횡단 철도가 깔리자 뜻밖의 일이 일어났다. 기차가 시간표에 정확히 맞게 운행되어야 했다. 그런데 기차역의 시계는 철도를 운영하는 회사마다 달라 승무원은 자신의 시계를 (맞는지 틀리는지 알 수도 없는) 새로운 기차역 시계에 맞춰야했다. 자칫하면 열차 충돌사고가 생길 수 있었다. 세계의 통일된 시각 체계를 만들면 해결될 수 있었다. 경도 0도인 자오선의 시간을 세계표준시로 정하고, 각 나라의 지역시간을 세계표준시로부터 경도 15도에 1시간씩 더해서 쓰는 방법이다. 그런데 경도 0도는 어디지? 아직 정해지지 않았다.

미국의 요구로 세계표준시 제정을 위한 국제자오선회의가 1884

---

13 Pointing star, 해보다 별을 관찰해서 시각을 맞추면 더 정확하다.

년에 미국 워싱턴에서 열렸다. 세계시의 기점이 되는 경도 0도인 자오선, 즉 본초자오선을 정하는 회의였다. 그런데 영국과 프랑스는 여기서도 싸운다. 양보란 좁쌀만큼도 없었다. 보다 못한 미국이 '피지를 지나는 경도선을 본초자오선으로 하자'는 중재안을 냈다. 그러나 영국은 세계적인 도시 런던의 날짜가 둘로 나뉘면 큰 혼란이 올 것이라며 반대했다. 그럼 피지 주민은 괜찮은 건가? 아수라장 끝에 겨우 영국의 그리니치 천문대가 지구의 본초자오선이 되었다. 이 세계표준시를 GMT이라고 부르고 각 나라는 경도에 따라 GMT+ 00시간을 사용하게 되었다.[14] 그리니치시가 세계표준시가 된 연유다.

성인이 된 나는 영국으로 건너가 고등 교육을 받았다. 시오나 스패로라는 이름을 썼다. 전생에 벌어놓은 재산의 상속자로 미리 정해놓은 이름이다. 대학을 졸업하고 미국에 있는 시계 제조 회사에서 일했다. 회사에서는 당대 기술을 집약해 새로운 진자시계를 만들고 있었다. 공기를 모두 제거한 통 속에 진자를 넣었다. 공기 저항이 없는 진자는 매우 안정적이었다. 진동에 필요한 에너지를 전자기 펄스로 전달하여 기계적인 접촉을 없앴다. 나는 전자기 펄스 주기의 최적화 조건을 알아내는 연구를 했다. 1921년 완성된 이 시계를 자유진자시계라고 불렀는데 오차가 1년에 1 초보다 작았다. 진자시계의 끝판왕이다.

---

14 현재 대한민국의 시간기준 경도는 135도이므로 135/15 = 9, 즉 GMT+ 9 시간이다.

당시 시간의 기준은 지구의 자전 속도를 1년 동안 평균하여 만든 평균태양시였다. 그런데 자유진자시계로 측정한 지구의 자전 속도는 매일매일 달랐다. 조석력, 지진, 지각 아래 알 수 없는 일들이 원인이었다. 지구의 자전은 시간의 기준으로 완벽하지 않았다. 그러나 1년 동안 평균한 지구의 자전은 여전히 자유진자시계보다는 안정적이었기 때문에 세계표준시 역할을 계속했고, 자유진자시계는 타임키퍼 역할로 만족해야 했다.

1929년에 수정의 고유진동으로 움직이는 시계가 등장했다. 소리굽쇠를 수정으로 만들었다고 생각하면 된다. 수정 소리굽쇠에 전극을 붙여 전압을 걸면 일정한 주파수의 음을 냈다.[15] 그 음을 전기 신호로 바꾸어 증폭하면 시곗바늘을 움직일 수 있었다. 이 시계의 오차는 1년에 1/100 초 미만이었다. 단번에 자유진자시계의 정확도를 뛰어넘었고 해리슨의 크로노미터와 타임키퍼 자유진자시계를 박물관으로 보냈다. 덕분에 나는 경영이 어려워진 회사를 나와야 했고.

피지로 돌아갔다. 친구가 기다리고 있는 곳이다. 날짜변경선은 사람이 살지 않는 바다 위로 옮겨져 있었지만 섬의 시멘트는 유적이 되었다. 우리는 바다를 볼 수 있는 언덕에 적갈색 벽돌로 집을 지었다.

수정시계의 약점은 수정의 노화였다. 기계적인 진동으로 열화된

---

15 인간의 귀로 들을 수 없는 주파수 대역이다. 결정의 크기와 방향에 따라 수 kHz부터 수백 kHz까지 다양한 주파수를 만들 수 있다.

수정은 주파수가 조금씩 변했다. 태양시를 대체하려면 변하지 않는 것을 찾아야 했다. 지구 자전보다 정확하고 중력의 영향을 받지 않으며 노화되지 않는 것. 인공물은 모두 변했다. 원자나 분자와 같이 근원적인 것을 원했다. 그러나 눈에 보이지도 않는 원자나 분자로 어떻게 시곗바늘을 돌린단 말인가?

내가 지구인들을 정말 존경하는 이유는 그걸 해냈기 때문이다. 1920년대에 등장한 양자역학 덕분에 지구인은 원자가 전자기파를 흡수하고 방출하는 메커니즘을 이해할 수 있게 되었다. 지구인들은 원자와 전자기파가 양자간섭을 일으키게 하는 방법도 알아냈는데, 이 현상은 주파수에 대한 민감도가 매우 컸다. 주파수가 약간만 달라져도 원자가 만들어내는 물결 같은 신호가 급격히 달라졌다. 원자의 이 민감함을 시계에 이용했다.

세슘 원자에 정확히 9 192 631 770 Hz 주파수를 가진 마이크로파를 쬐면 양자간섭 물결 신호가 최고점에 있게 된다. 이 마이크로파는 사인파로 진동하는 전기 신호이다. 이제 진동 횟수를 세는 장치인 계수기로 마이크로파 파동이 지나가는 개수를 세기만 하면 된다. 하나, 둘, 셋… 파동의 개수가 9 192 631 770이 되었을 때 시계 초침을 1칸 보낸다. 이것을 무한 반복하는 것이 원자시계이다.

1955년 영국에서 처음 선보인 세슘 원자시계의 성능은 압도적이었다. 1년에 0.0001 초도 틀리지 않았다. 이 시계는 지구의 자전이 서서히 느려져 몇억 년 후엔 하루가 25 시간이 될 것도 알아냈다. 원자시계가 지구의 자전보다 더 정확했기에 가능한 일이다. 지구인들은 태양과 지구의 자전과 중력으로부터 완전히 독립할 수 있는 시계를 마침내 얻은 것이다.

한편 지구의 자전을 기준으로 하는 평균태양시도 항성시로 발전하여 더 정확해졌다가 역표시라는 것으로 한 번 더 업그레이드됐다. 역표시는 지구 축의 흔들림, 다른 행성들의 인력까지 다 계산에 넣은 매우 복잡한 천문시간표이다.

반면, 원자시계의 사용은 간단했다. 18세기 해리슨과 천문학자들이 벌인 대결의 데자뷰 느낌이지만, 이번 싸움은 압도적인 원자시계의 성능 때문에 싱겁게 끝난다.

1967년 어느 아침, 피지에서 조간신문을 집어 든 나는 '13차 국제도량형 총회, 세슘 원자로 시간의 표준을 정하다'라는 기사 제목을 보았다. 가슴이 뛰었다. 바닷가 벤치에 앉아 천천히 기사를 읽었다. 지구에 와서 만든 추억들이 수평선 위에 파노라마처럼 지나갔다. 언제나 심술궂은 표정이었던 갈릴레오의 얼굴에도 미소가 번지고 있었다.

고향이 그리워졌다. 이 생을 마지막으로 고향 B614으로 돌아갈 계획이기에 남은 재산을 모두 피지에 기부하고 몇 달 후 노환으로 죽었다.

새로운 농담이 B614에 생겼다. "최악의 근무지 지구를 신들이 여전히 좋아하는 이유는 베토벤과 피지섬이 있기 때문이다."

○°
마지막 임무, 암흑물질 탐사선 지구호

계획은 어긋나기 마련인가? 1970년 나는 B614가 아닌 아시아의 동쪽 끝 어느 시골에 태어났다. 이럴 줄 알았다면 재산을 조금 남겨둘 걸 그랬다. 운명은 나를 다시 시계공의 길로 이끌었다. 이 나라가 온통 '붉은 악마'로 물들었던 해에 나는 한국표준과학연구원에 취직하여 원자시계 만드는 일을 시작했다.

원자시계는 지난 수십 년 동안 천 배나 정확해져 있었다. 오차는 수천만 년에 1초 정도였다. 이 시계로 엿본 세계는 아인슈타인이 말했던 시공간으로 굽이치고 있었다. 울퉁불퉁한 중력장에 놓여 있는 시계들은 고유시간이라 부르는, 저마다의 다른 속도로 흘렀다. 시간에 절대 기준이란 없었다. 시계공들은 세계표준시[16]의 정확도를 높이려면 중력과 싸워야 했다. 원자시계는 지오이드[17]로부터 떨어진 높이를 알아야 다른 곳의 시계와 같은 시간 흐름을 유지할 수 있는데 이를 중력 시간 보정이라고 한다. 지구의 지오이드는 끊임없이 흔들렸다.

---

16 공식 명칭은 세계협정시이다. 국제원자시에 윤초를 삽입하여 만든다. 국제원자시는 전 세계 국가측정연구소에 있는 400여 대의 원자시계가 흘러가는 시간의 평균값으로 정한다.

17 지오이드는 평균해수면을 육지까지 연장한 가상의 곡면이다. 지오이드 위에서 중력 위치에너지 값은 같다. 세계협정시의 원형이 되는 국제원자시를 만들 때 반드시 참고해야 하는 시간 흐름의 기준면이다.

이런 일도 있었다. 2011년 봄, 일본 국립측정연구소 과학자 몇이 우리 연구소에 방문해 국제협력연구를 하고 있었다. 어느 날 오후 이들의 얼굴이 흙빛으로 변했다. 일본에 진도 9.0의 대지진이 발생해 엄청난 쓰나미를 일으켰다는 급보를 접한 것이다. 쓰쿠바에 있는 그들의 실험실은 다행히 선반이 몇 개 넘어진 정도의 피해를 보았다고 했다. 그런데 몇 년 후 일본에서 발표된 최첨단 원자시계의 오차 분석에 대한 논문을 봤는데, 놀랍게도 이 지진 때문에 일본 열도의 해발고도가 지역에 따라 수 센티미터 정도 달라져 시간의 흐름이 미세하게 바뀌었다고 한다. '지구의 역습'일까? 오랜 세월 시간의 절대자로 군림한 지구가 권력을 빼앗기자 중력으로 훼방하고 있는 것 같았다.

원자시계는 지구인들의 일상을 크게 바꾸어 놓았다. 스마트폰만으로 어디든 쉽게 찾아갈 수 있는 것은 지구 2만 킬로미터 상공에서 서른 대가 넘는 항법 위성이 지상으로 전파를 보내고 있어 가능한 일이다. 항법 위성에 실린 원자시계가 이 문명의 정수를 지원하고 있다.

이번 생에 내가 맡은 일은 300억 년에 1 초 오차를 갖는 시계를 개발하는 일이다. 우주의 나이가 137억 년이라고 하니 우주가 탄생해서 지금까지 0.5 초도 안 틀리는 시계이다. 더 높은 고유진동수를 갖는 원자와 레이저 광원을 이용해서 만든다. 이런 시계를 광시계라고 부른다.

원자시계에서 광시계로 갈아탄 지구인들에게 더 흥미진진한 세

계가 펼쳐지길 바란다. 우리가 알고 있는 우주 구성 물질은 전체의
단 1 %뿐이라고 한다. 99 %는 암흑물질과 암흑에너지라고 부르는
데 '암흑'의 의미는 '모름'이다. 과학자들은 은하계를 감싸고 있는
암흑물질이 시계에 아주 미약하게라도 반응하여 시계의 눈금을 흔
들어 주길 바라고 있다.[18] 그러면 지구는 은하계를 초속 300 킬로미
터로 날아가는 암흑물질 탐사선이 되고 지구인은 승무원이 된다.

  광시계는 지구 중력장에서 1 센티미터 높이 차이에 의한 시공간
변화도 알아내는 매우 민감한 시계이다. 이 시계로는 지구 내부를
탐사하는 일도 가능하다. 인류는 문워크도 해보았고 화성에 인간을
보내려는 계획도 세우지만, 고온 고압의 지구의 내부로는 맨틀의
최상부에 겨우 드릴의 끝을 대었을 뿐이다. 우리는 아직 지구가 자
기장을 만들어내는 원리조차 알지 못한다. 우리가 지금 만들고 있
는 광시계로 그런 지구 속을 들여다볼 수 있기를 희망한다. 지구가
지오이드를 흔들어 시계의 흐름을 훼방하는 것을 역이용하는 것
이다.

---

18 특정 원자의 에너지 준위에 아주 미약하게 영향을 주는 액시온이라는 가상의 입
    자가 암흑물질이라고 가정했을 때 성립한다. 지구가 암흑물질을 통과하는 순간,
    이 특정 원자로 만들어진 원자시계의 주파수가 다른 원자시계의 주파수와 달라질
    수 있다. 두 주파수 사이의 순간적인 차이를 감지함으로써 암흑물질을 검출한다.

○°
다시 B614로...

원자시계에 패한 천문시계가 역사에서 사라진 것은 절대로 아니다. 컴퓨터의 도움으로 천문시계는 태양계 모든 행성, 소행성, 혜성, 태양계로 진입한 뜻밖의 물체까지 생생하게 보여주는 실로 방대한 태양계 지도로 진화했다. 천체 관측뿐 아니라 우주선을 쏘아 올릴 때 없으면 안 되는 태양계의 과거, 현재, 미래가 모두 담긴 시간표이다. 여기에 은하계 전체, 아니 수백억 광년에 걸쳐 펼쳐진 우주 전체를 담는다면?

우주는 지금 몇 시인가? 아무리 정확한 시계가 있어도 알 수 없다. 그냥 우주일 뿐이다.

요즘 지구 천문학계에서 1년에 몇 번씩 기쁜 소식을 전해 온다. 지구형 행성을 발견했다는 소식이다. 그중 하나가 내 고향 B614라면 좋겠다. B614의 태양은 백색왜성일 것이다. 지구의 온도계로 섭씨 1500도 정도 될 것 같다. 달과 같은 위성은 없다. 이런 별과 행성을 찾았다는 소식이 들려오면, 나는 이 몸으로 우주선을 타고 고향으로 돌아갈 생각이다. 지구인이 400년에 걸쳐 만들어 온 우주 항해 지도를 펼치고.

기장 알이 길이 재는 자의 기준이라고요?

박병천

1433년(세종 15년) 설날 아침, 아악을 사용한 회례연이 처음으로 근정전에서 열렸다. 세종대왕과 조정대신들은 박연이 제작한 편경의 시연을 보기 위해 한자리에 모였다. 세종이 박연에게 명한 지 7년 만에 드디어 조선의 기장, 옥돌, 기술로 만들어진 편경이 처음으로 모습을 드러내는 역사적인 순간이었다. 모두가 눈을 감고 첫 편경음을 기다렸다.

 편경은 두께가 다른 16개의 'ㄱ'자형 옥돌을 틀에 매달아 놓고, 각퇴(암소뿔 망치)로 때리면서 연주하는 타악기인데, 1116년(고려 예종 11년) 송나라의 아악이 들어올 때 함께 들어왔다. 옥돌로 만들어진 편경의 소리는 온도와 습도에 영향을 받지 않았기에 편경의 음은 모든 국악기를 조율하는 기준음이었다. 이렇게나 중요한 편경은 중국에서 들여와야만 했는데 옥돌의 질이 나빠 소리가 맑지 않았다. 게다가 혹시라도 잘못하여 편경 옥돌 하나라도 깨뜨리면 그야말로 큰일이었다. 한마디로 편경은 '불안한 기준'이었다. 궁중 상황이 이 정도였으니, 편경이 보급되지 못한 전국 곳곳에서 악기들의 조율 상태는 어땠겠는가. 8년 전 1425년에 경기도 남양에서 질 좋은 옥돌이 발견되었고, 세종은 박연에게 편경을 제작하고 조선 음악을 정리하라고 명했다.

새로운 옥돌이 내는 편경 소리는 정확하고 청아했으며, 그 무늬 또한 아름다웠다. 연주가 끝나자 세종이 "편경 중 이칙(솔#)음의 소리가 약간 높은 것은 무엇 때문인가?" 했다. 알아보니 놀랍게도 편경의 옥돌이 약간 덜 갈린 것이 확인되었고, 옥돌을 더 갈아 제소리를 찾았다. "여러 옥돌이 합쳐진 중국의 편경은 소리를 제대로 이루지 않았다. 이제야 바른 소리를 얻었구나!" 하며 작곡가인 세종은 크게 기뻐했다.[1] 이 시기 조선에서 3년간 무려 33틀의 편경이 제작되었으며, 『경국대전』에는 편경을 깨뜨린 자는 곤장 100대와 유배 3년의 형벌에 처한다고 되어 있다.[2]

그런데 세종이 발견한 미세한 소리의 차이를 박연과 다른 사람들은 왜 못 느꼈을까? 그리고 나는 길이를 다루는 장에서 왜 편경 이야기를 하고 있는 걸까?

1 세종실록, 세종 15년 1월 1일 기사
2 「백성을 굽어 살피는 어진 소리 편경」, 이준덕, 동아사이언스, 2015. 03. 15.
   (https://www.dongascience.com/news.php?idx=6347)

○°
하필이면 곡식인 기장이
길이 재는 자의 기준이 된 까닭은?

우리가 듣는 소리의 높이는 주파수로 정해진다. 소리는 파동의 하나로, 파동이 1초 동안 진동하는 횟수를 주파수(단위: 헤르츠, 기호: Hz), 한 파동의 길이를 파장(단위: 미터, 기호: m)이라 한다. 소리의 속력, 주파수 그리고 파장 사이에는 '속력 = 주파수 × 파장'의 관계가 있다.[3]

그리고 악기는 소리의 공명 현상을 이용하여 고유한 기본음을 만든다. 가령, 피리는 피리 내부에서 공명을 일으키는데, 관이 짧을수록 파장은 짧아지고 반대로 주파수는 커져 높은 소리가 난다. 피리에서의 공명은 관 내부 공기에서 일어나지만, 편경에서는 옥돌 내부에서 일어난다. 편경의 경우 소리의 파장은 옥돌의 두께로, 속력은 옥돌의 특성으로 결정되며, 주파수(음높이)는 위에서 말한 공식으로부터 구할 수 있다. 그러므로 옥돌의 질이 좋지 않거나 두께 조절이 정밀하지 않으면 좋은 소리를 내기 어렵다.

고대 동양에서는 일찍이 악론樂論이 발달했다. 『예기禮記』 「악론樂論」에서는 "사람의 마음이 사물을 만나 마음이 움직이면 소리가 생겨나고, 이 소리들이 상응하여 질서 있게 변하는 것을 음音이라 했

3　이 식은 소리뿐 아니라 빛을 포함한 모든 파동에 대해서 성립한다.

으며, 이 음이 춤과 어우러져 악樂을 이룬다."라고 했다. 음은 악론의 근원이 되었고, 악기들은 기본음이 같아야 서로 어울릴 수 있다. 동양 음악에서는 이 기본음을 황종음이라 불렀고, 황종음은 9 촌寸(1 촌은 0.1 척R으로, 미터 단위로는 약 3.03 센티미터이다) 길이의 대나무 피리 관인 황종율관黃鍾律管으로부터 얻었다. 그런데 황종율관의 길이는 어떻게 정했을까.

원래 촌寸과 척R은 사람 몸 일부의 크기이므로 절대적이고 정밀한 기준이 될 수 없었다. 그래서 곡식의 한 종류인 기장 낱알 크기를 써서, 촌과 척의 길잇값을 정했다. 검은 기장 한 알 크기를 1 푼分, 열 알을 1 촌, 백 알을 1 척으로 했다. 그렇게 정해진 9 촌 길이의 피리를 만든 후, 한쪽 끝을 막고 다른 쪽 끝을 불어 내는 소리가 황종음이 되었다.[4] 황종음은 우리가 친숙한 서양 음계(피타고라스 음계)의 '도'음에 해당한다.

황종율관을 3등분하고 하나를 떼어내 6 촌 길이의 새로운 율관을 만든다. 다음 이 관을 다시 3등분하고 이번엔 하나를 덧붙여 8 촌 길이의 다음 율관을 만든다. 이 과정을 반복하여 율관을 만들면 한 옥타브 내에서 12음이 나온다.[5] 3등분한 길이를 빼거나(삼분손) 더한다고(삼분익) 하여, 이 방법을 삼분손익법三分損益法이라 부른다.

---

4 『재미있는 단위 이야기』, 산업통상자원부 국가기술표준원 엮음, 진한엠앤비(진한 M&B), 2014.

5 이를 12율이라 하고, 낮은 음부터 황종(도), 대려(도#), 태주(레), 협종(레#), 고선(미), 중려(파), 유빈(파#), 임종(솔), 이칙(솔#), 남려(라), 무역(라#), 응종(시)이라 부른다.

음의 척도가 자였던 것이다.

조선시대에는 용도에 따라 주척, 황종척, 영조척, 예기척, 포백척의 다섯 가지 자가 쓰였는데, 그중에서도 황종척이 기준자가 되었다. 황종척은 황종율관에 1 촌을 더한 길이로 만들었다. 조선의 법전인 『경국대전』「공전公典」에 자들의 관계가 나와 있다.

"길이를 재는 제도는 10 리를 1 푼으로, 10 푼을 1 치로, 10 치를 1 자로, 10 자를 1 발로 하는데, 주척을 황종척에 맞추어 보면 주척의 길이 6 치 6 리가 황종척 1 자에 해당되고, 영조척을 황종척에 맞추어 보면 영조척의 길이는 8 치 9 푼 9 리에 해당되며, 예기척을 황종척에 맞추어 보면 예기척의 길이는 8 치 2 푼 3 리에 해당되고, 포백척을 황종척에 맞추어 보면 포백척의 길이는 1 자 3 치 4 푼 8 리에 해당된다."

머리가 좀 아프다. 지금 같으면 '길이를 재는 제도는 미터법으로 한다.'라고 한 줄만 쓰면 되고, 암행어사들은 미터 눈금만 새겨진 유척을 들고 다녔을 것이다.

황종율관은 부피 단위의 표준이기도 했다. 길이가 9 촌, 내부 지름이 9 푼인 황종율관에는 검은 기장이 1200알 들어간다. 이 황종율관 안의 부피를 1 약龠이라고 했다. 2 약을 1 홉合, 10 홉을 1 되升, 10 되를 1 말斗, 10 말을 1 곡斛이라 했다. 이로부터 무게 단위도 만들어졌다. 1 약의 검은 기장(1200알)의 무게를 12 수銖로 정했다. 24 수를 1 냥兩, 16 냥을 1 근斤, 30 근을 1 균鈞, 4 균을 1 석石이라 했다. 정색하고 읽으며 외울 필요는 없다. 나름 체계를 잡아 측정을 했던 기록, 그렇지만 복잡했던 단위 체계를 살짝 보여주려는 의도이다. 그리고 이 중 몇 개는 비교적 최근까지도 쓰였고, 한편으로는 우리말 표현에 남아 있는 단위이기도 하다. "참깨 한 되 주세요.", "내 코가 석 자다."처럼.

황종음을 내는 9 촌의 황종율관은 이렇게 모든 율관의 모체와 도량형의 기준이 되었다. 그리고 황종율관 길이의 기준으로 기장 낱알의 크기를 사용했다. 곡식 낱알의 크기로 길이를 정하는 게 손가락 마디(촌)나 한 뼘(척)을 기준으로 하는 것보다는 더 객관적이었다. 기본적으로 신체척은 가변성이 많아 혼선과 농간의 문제가 끊이지 않았다. 서양에서도 영국의 엘리자베스 1세 때 모든 척도는 보리알 세 개가 1 인치라는 옛 개념에 기초하여, 12 인치(기호: in)를 1 피트로, 3 피트(기호: ft)를 1 야드(기호: yd)로 정했다. 그런데 동양에서는 왜 여러 곡식 중에 하필 기장이었을까?

고대 동양에서는 왕조가 바뀌면 하늘과 땅의 기운이 바뀌어 새로운 세상이 열린다고 믿었다. 그래서 새 왕조 첫 임금의 첫 번째 임무는 하늘, 땅 그리고 인간이 가장 조화를 이루는 새로운 악樂을 제정하는 것이었다. 다시 말해 악기를 제작하고 기본음을 만드는 작업이다. 기본음(황종음)을 내는 피리가 만들어지면 이로부터 길이, 부피, 무게의 도량형 단위를 제정했으며, 그 이후에 법을 제정했다. 당시 악의 제정은 도량형이나 법의 제정에 앞서는 상위 개념이었고, 악을 제정하는 것은 단순한 작곡이 아니라 새로운 세상의 도와 예를 세우는 일이었다.

기원전까지 몽고, 만주, 한반도, 그리고 지금 중국 영토의 동북 방면 일대를 포함하는 넓은 지역에서의 주식은 기장이었다. 오늘날의 벼와 비슷한 역할을 했던 작물이다. 그러므로 풍년이 들 때의 기장은 천지의 기운이 화합하여 백성에게 곡식을 내려준, 하늘·땅·사람의 조화와 합일의 상징이었다. 그 기장을 통해 악과 도량형에 좋은 기운이 깃들게 하는 의미가 있었던 것이다.

주파수 측정기가 잘 갖추어진 오늘날에도 편경 제작은 쉽지 않다. 세종이 느낀 이칙음의 이상은, 두께가 약 46 mm인 옥돌을 약 0.2 mm만큼 더 갈아내면서 발생한 1.5 Hz의 주파수 오차 때문이었다고 추정된다. 좋은 음감을 가진 사람은 1~3 Hz의 차이까지 느낀다고 한다. 우리나라 3대 악성 중 하나인 박연도 알아차리지 못한 그 미세한 차이를 느꼈던 세종의 음감이 그 수준이었던 것 같다. 여하튼 편경의 옥돌 두께를 그 수준으로 알아낼 수 있었던 측정 수단은 당시에는 소리뿐이었다.

박연은 편경 제작에 앞서 황해도 해주에서 나는 기장을 써서 12율관을 만들었다. 편경의 음을 맞출 때 필요한 음계를 만드는 통상의 절차였다. 그러나 제작된 율관들은 중국에서 들여온 궁중의 악기들과 음률이 서로 맞지 않았다. 우리나라에서 나는 기장과 중국의 기장 크기가 달라 기본음이 달랐기 때문이었는데, 당대 조선의 모든 음악과 도량형의 표준이었던 기존의 황종음은 무조건 지켜져야 했다. 세종은 새로운 12율관을 만들라 명했고, 박연은 해주산의 천연 기장알과 크기가 약간 다른 인공 기장알을 만들었다. 기존의 황종음을 맞추기 위해 거꾸로 기장 알의 크기를 맞춘 것이다. 기장은 '명목상의' 자의 기준이었고, 당대의 황종음이 '실질적인' 자의 기준이었던 셈이다.

°°
흔들리는 잣대, 흔들리는 인심

역사적으로 인류가 가장 먼저 사용한 단위는 길이·부피·질량의 도량형 단위이다. 이들 단위는 주로 상거래를 위한 것이었는데 어떻게든 단윗값을 속여 자신의 이익과 편리를 최대화하려 했다.

사람의 몸이건 곡식 낱알이건 자의 기준이 인간적이었기에, 그 자는 쉽게 변하고, 이는 사회의 모순을 낳았다. 사람이 불의는 참아도 불이익은 못 참는다고 했던가. 비인간적 기준을 가진 단위의 탄생은 필연적이었다.

앞에서 조선시대 도량형에 관해 이야기했지만, 도량형의 불안정으로 인한 고민은 전근대 시대 서양에서도 마찬가지였다. 18세기 프랑스, 인간적 단위의 폐단이 극한을 치닫고 있었다. 프랑스를 여행하던 어느 영국인은 "프랑스에는 너무 많은 단위가 얽혀 있어 도저히 이해할 수 없다."라고 할 정도였다.

심지어 밭 면적을 따질 때 토질이나 수확량을 기준으로 했다. 그러니 면적 단위는 마을마다, 작물의 종류에 따라서 제각각이었고,

18세기 프랑스에서 사용된 도량형의 단위가 무려 800개나 되었다고 한다. 어떤 프랑스 군인은 "파리의 1 팽트pinte 맥주는 생드니의 1 팽트 맥주의 3분의 2밖에 안 된다."라며 불평했다고 한다.[6]

당시 프랑스는 성직자, 귀족 그리고 평민, 이 세 계급으로 이루어진 신분 사회였다. 평민 계층은 성직자 및 귀족 계층의 잣대에 따라 소작료를 바쳐야 했는데 문란한 잣대로 인해 평민 계층의 피해가 커져만 갔다. 신분 사회의 모순과 이를 증폭시킨 도량형의 난맥상은 프랑스 시민혁명의 도화선이 되었다. 1789년, 프랑스대혁명이 발발했다. 프랑스혁명이야말로 오늘날 우리가 일상생활에서 늘 사용하는 도량형의 진정한 기원이다.

○°
자연이 새로운 자의 기준이 되다, 미터의 출현

바스티유 감옥이 털린 이듬해인 1790년 프랑스 국민의회는 "새로 통일된 단위는 영원히 변하지 않는 것을 기준으로 만들자."는 도량형 개혁안을 내놓았다. 새로운 길이 단위는 시간과 공간에 영향받지 않고, 시대와 권력자가 바뀌어도 변하지 않는 불변의 것이어야 했다.

---

6 EBS 지식채널e, '미터의 탄생.'(2020.04.16. 방송)

같은 해 프랑스 국민회의는 초진자[7]의 길이를 길이 단위로 정했다. 그러나 초진자의 주기는 지구의 위도와 조석간만에 따라 변하는 바람에 시간을 맞추다 보면 진자의 길이가 달라졌다. 초진자는 적합한 기준이 되지 못했다. 이듬해인 1791년에 과학연구기관인 프랑스 과학아카데미에서 파리를 지나는 사분자오선[8]의 천만분의 일을 길이의 기본단위로 제안했다. 그리고 이 기본단위를 '미터'라 불렀다. 미터의 정확한 값을 얻기 위해서는 자오선을 정밀하게 측정해야 했다.

1792년 측량을 위한 두 원정대가 파리에서 출발했다. 들랑브르(1749~1822)는 북쪽 측량을 맡아 덩케르크로 갔고, 메셍(1744~1804)은 남쪽을 맡아 스페인의 바르셀로나로 갔다. 그들이 사용한 방법은 삼각측량법으로, 삼각형 한 변의 길이와 그 양 끝 각을 알면 그 변을 마주하는 꼭짓점의 위치를 구할 수 있다는 원리를 이용한 것이다. 덩케르크와 바르셀로나 사이의 땅들을 여러 개의 붙은 삼각형으로 나눈 후 하나씩 측량해 나갔다. 작업은 순탄치 않았다. 수없이 오르내린 험난한 고지대, 목숨을 위협하는 전쟁 등으로 인해, 1년짜리 프로젝트는 무려 7년이 지나서야 끝이 났다.[9] 이렇게 얻어진 값진 덩케르크-바르셀로나 간 거리는 1070 km였다. 두 도시의 위도를 반영하고, 지구가 타원체임을 고려하여 최종적

---

7 주기週期의 절반이 1 초인 진자. 시간의 단위를 다룬 1장 참조.
8 자오선의 4분의 1. 북극점으로부터 파리를 지나 적도에 이르는 자오선.
9 켄 애들러, 『만물의 척도』, 임재서 옮김, 사이언스북스, 2008.

으로 사분자오선의 길이를 결정했으며, 그 길이의 천만분의 일을 1 m로 정의했다. 그 뒤에 들랑브르는 『미터법의 원리』라는 책을 펴냈는데, 책 표지에 나폴레옹은 "정복은 순간이지만 이 업적은 영원하리라."라는 서명을 남겼다. 이 글은 진실이 되었다.

하지만 지구 자오선을 들고 다닐 수는 없지 않은가. 미터를 나타낼 자가 필요했다. 1799년 6월 22일, 단면이 직사각형(25.3 mm × 4 mm)이고, 길이가 1 m인 백금제 미터막대를 제작해 프랑스 국립문서보관소에 보관했는데,[10] 이것이 실질적으로 미터원기 역할을 했다.

【 1793년 혁명정부의 미터법 제정 】

1 m는 북극-적도 사이 자오선 길이의 천만분의 1로 한다.

최초의 자연 단위인 미터는 이렇게 탄생했다. 미국 6대 대통령 존 퀸시 애덤스(1767~1848)는 국무장관 시절 1821년에 작성한 135쪽짜리 도량형 보고서 「Report upon Weights and Measures」에서 이렇게 썼다. "미터법은 인쇄술 이후 인간의 창의력이 만들어낸 최고의 발명품이다. 미터법이 가져올 도덕적·정치적 발전은 노예제 폐지와 맞먹는다."[11] 그는 노예제 폐지를 위해서는 전쟁도 불사할 수 있

---

10 질량의 단위를 다룬 3장 85쪽 그림 참조.

11 Washington, DC : Gales & Seaton, 1821.

다는 원칙론자였다.

1875년 5월 20일, 세계 17개국 대표가 파리에 모여 미터협약에 서명하고, 국제도량형총회CGPM, 국제도량형위원회CIPM, 그리고 국제도량형국BIPM을 세웠다. 이제 미터는 프랑스의 전유물이 아니라 세계 모든 나라 공통의 것이 되었고, 향후 미터에 대한 모든 결정은 국제도량형총회를 통해서 이루어졌다.

국제도량형국의 첫 번째 임무는 국제적으로 쓰일 미터원기를 제작해 제공하는 것이었다. 더 튼튼하고, 덜 휘며, 열팽창이 더 작은 새로운 막대가 만들어졌다.

재질은 백금에서 백금-이리듐 합금(백금 90 %, 이리듐 10 %)으로, 모양은 길쭉한 직육면체에서 단면이 X자인 막대로 바뀌었다.

막대의 길이를 1.02 m로 바꾸고, 막대의 양 끝에서 1 cm 안쪽으로 들어와 눈금을 3개씩 새기고, 가운데 눈금 사이의 거리로 미터를 다시 정의했다. 이 막대의 양 끝 눈금 간 거리는 1779년 자오선 측정 직후 만들어진 문서보관소의 미터막대의 양 끝 간 거리와 가능한 한 같도록 맞추었다.

이러한 미터원기의 복사본 30개가 제작되어 희망하는 17개국의 국가표준기관들에 배포되었다. 일본은 4개의 미터원기를 받았는데, 당시 일본의 국력을 알 수 있다. 이 4개 중 하나가 1947년 미군정 때 한국에 들어온다. 프랑스혁명 100주년을 맞아, 1889년 파리에서 만국박람회와 제1차 국제도량형총회가 열린 날이었다. 이 총회에서 미터와 킬로그램에 대한 국제원기가 인준되었다.

【 제1차 국제도량형총회의 국제원기에 대한 결정 사항 】

1. CIPM이 선정한 미터원기
이제부터 이 원기는 얼음이 녹는 온도에서 길이의 미터단위를 나타낸다.

2. CIPM이 채택한 킬로그램원기
이제부터 이 원기는 질량의 단위로 간주된다.

3. 미터원기의 관계식을 확립하는 데 사용된 수소온도계의 백분눈금.

이로써 위대한 미터를 탄생시킨 사분자오선은 이제 그 임무를 미터원기에 넘기게 되었다. 그런데, 미터원기 인준 조항에 왜 온도 이야기가 나올까? 물체는 온도에 따라 늘었다 줄었다 한다. 미터원기는 온도가 섭씨 1 도 변하면 8.6 마이크로미터가 변한다. 1 마이크로미터(기호: μm)는 천분의 1 밀리미터이다. 한반도의 온도는 연중 약 30 ℃, 하루 중에는 약 10 ℃가 변한다. 공기 중에 놓아두면 미터원기는 1년간 258 μm, 하루 동안 86 μm 이상 변하게 된다. 상대 불확도(다음 쪽 상자글 참조) 백만분의 일 이하가 요구되던 미터 정의는, 항상 항온실[12]에서 보관하고, 측정도 그 안에서 해야 했다. 측정 결과는 항상 측정 시 온도와 함께 보고되었다.

온도에 따른 길이의 변화는 물질에 따라서도 차이가 있다. 과거에 미터원기가 세계 각국에 보급될 때, 두 개의 온도계와 백금-이

---

12 내부 온도가 일정하게 유지되는 실험 공간. 등급에 따라 기준 온도를 중심으로 온도 변화를 1 ℃, 또는 그 이하로 유지한다. 길이 측정의 국제기준온도는 20 ℃이다.

리듐의 열팽창계수가 기록된 성적서도 함께 제공된 이유다.

온도는 길이 측정의 가장 큰 골칫거리다. 한국표준과학연구원에서 온도 연구원들만큼이나 온도에 예민한 사람들이 길이 연구원들이다.

【 측정불확도 】[13]

측정값이 불확실한 범위를 말하며, 줄여서 불확도라고도 부른다. 그 범위 안에 측정값이 들어온다는 의미이다. 정밀 측정에서 불확도는 측정값과 함께 반드시 필요하다. 불확도가 주어지지 않은 두 측정값은 비교할 수 없기 때문이다. 예를 들어, 어떤 막대 'A'의 길이를 측정한 결과가 (1.00 ± 0.02) m라고 하자. 이 막대는 내가 가진 0.99 m짜리 막대보다 길 수도, 짧을 수도 있다. 왜냐하면, 막대 'A'의 길이가 0.98 m와 1.02 m의 범위에 있기 때문이다. 반면에, 측정값이 (1.000 ± 0.002) m인 막대 'B'가 있다면, 이것은 내가 가진 막대보다 확실히 길다고 말할 수 있다.

하나 더. 상대불확도는 불확도를 측정값으로 나눈 것이다. 두께가 46 mm인 편경의 두께 불확도가 0.23 mm라면 상대불확도는 0.23 mm ÷ 46 mm = 5×10^{-3} 또는 0.5 %가 된다. 또, 230 m 대피라미드의 변의 길이를 측정할 때 불확도가 20 cm이면, 이 측정의 상대불확도는 0.2 m ÷ 230 m = 8.7×10^{-4}(또는 0.087 %)이다.

---

13 한국표준과학연구원의 『측정불확도 표현 지침(GUM:1995)』(2010)을 참고해 작성했다.

○°
알고 보니 흔들리는 미터,
영원히 고정되다

　세상에서 유일하고 대체될 수 없었던 미터원기는 치명적인 약점이 있었다. 전쟁이나 천재지변에 의해 손상되거나 분실될 가능성이 있다는 것이었다. 미터협약이 있기 전, 1870년에 발발한 프로이센-프랑스 간의 전쟁이 지금의 국제도량형국 건물인 프랑스 왕궁을 폐허로 만들었던 것을 사람들은 기억하고 있었다. 또다시 닥칠지 모를 재난으로부터 원기를 안전하게 보호하기 위해 단단한 철제 보관함을 만들었지만 궁극의 방책은 될 수 없었다. 그렇다면 어떤 대안이 있을까?

미터 정의	0 ℃에서 미터원기의 길이	크립톤 램프 빛의 1 650 763.73 진공 파장	빛이 진공 중에서 1/299 792 458 초간 진행한 경로의 길이
미터 정의 구현 방법	미터원기 (백금-이리듐 막대)	크립톤 램프	요오드 안정화 헬륨-네온레이저
상대불확도	10^{-6}	4×10^{-9}	2×10^{-12}
미터 정의 구현실물			

▲ 미터 정의 및 구현 방법의 변천(표 안 사진은 한국표준과학연구원 제공)

　과학자들은 기체 원자(분자)가 내는 빛의 파장으로 눈을 돌렸다.

이들 파장은 원자(분자) 고유의 특성이어서 언제 어디서나 같고, 기체 용기가 없어져도 얼마든지 다시 만들 수 있다.

전자기파의 존재를 발견한 맥스웰(1831~1879)은 미터원기와 관련하여 앞을 내다보는 안목을 갖고 이런 말을 남겼다. "지구의 크기와 공전 주기는 현재 관점으로 볼 때 영원할 것처럼 보인다. 하지만 지구가 냉각되면 크기가 작아질 수 있고, 운석이 떨어지면 더 커질 수도 있다. 아니면 지구의 공전 속도가 느려질 수도 있다. ··· 절대적이고 영원한 길이, 시간, 질량에 관한 표준을 얻고자 한다면 우리는 이들을 지구에서 찾아서는 안 된다. 절대적인 질량과 진동 주기, 파장을 갖는 '분자'에서 표준을 얻어야 한다."[14]

지구에 이런 무서운 일이 생기면 인류의 안위부터 걱정해야 할 것 같긴 하지만, 여하튼 최초로 주목받은 것은 카드뮴 램프에서 나온 단색광의 파장이었다. 빛의 간섭 현상을 이용하여 길이를 파장 개수로 재는 간섭측정의 대명사 마이컬슨(1852~1931)은 미터 정의에 새겨진 1 m 안에 들어가는 카드뮴 파장의 개수를 성공적으로 측정했다. 마이컬슨은 1907년 노벨상 수상 강연에서, 카드뮴 파장이 미터원기와 똑같은 역할을 할 수 있다고 했다.[15] 그렇다면 보물처럼 모셔야 하는 미터원기가 굳이 따로 필요한가? 차이가 없다면,

---

14 한국표준과학연구원, 『단위 이야기: 단위를 알면 세상이 보인다』, 한국표준과학연구원&한국과학창의재단, 2014.

15 Richard Davis, "A short story on length", *Nature Physics*, volume 14, p. 868, 2018.

더 정밀하고 더 안전한 것을 기준으로 삼는 것이 마땅하지 않은가?

2차 세계대전(1939~1945)을 거치면서 분광학이 크게 발달했다. 분광학은 말 그대로 파장이 다른 빛을 분리하거나 분리된 빛을 이용하는 기술이다. 분광학 연구를 통해 과학자들은 헬륨, 네온, 아르곤, 크립톤, 제논, 라돈 같은 불활성 기체의 스펙트럼이 특히 안정하다(원자가가 0이면 화학적으로 활발하지 않다)는 사실을 알게 되었다. 결국 미터원기에 카드뮴 기체보다는 독일 국가표준기관 PTB가 제안한 불활성 기체 크립톤 86 원자의 주황색 빛을 이용하는 방향으로 의견이 모아졌다. 그리고 1960년 제11차 국제도량형총회에서 미터를 새로 정의한다.

【 제11차 국제도량형총회의 국제원기 관련 결정 사항 】

1. 미터는 크립톤 86 원자의 $2p_{10}$과 $5d_5$ 준위 간의 전이에 대응하는 복사선의 진공에서의 1 650 763.73 파장과 같은 길이이다.
2. 1889년 이래 유효하였던, 백금 - 이리듐 국제원기에 기초를 둔 미터의 정의는 폐기한다.
3. 1889년 제1차 CGPM에서 인준된 국제미터원기는 1889년에 지정한 조건하에 BIPM에 보존한다.

이제 미터의 기준은 파손되기 쉬운 물체에서 빛의 파장으로 옮겨갔다. 크립톤 파장의 상대불확도는 4×10^{-9}으로, 즉 0.000 000 004 %로 확인되었다. 크립톤 램프는 누구나 배워서 만들 수 있다.

크립톤 램프로 간섭계를 만들고 1 미터를 잰다면 2.5 나노미터밖에 안 틀릴 것이다. 1 나노미터(기호: nm)는 10억분의 1 미터, 즉 10^{-9} 미터이다. 램프를 실수로 깨뜨려도 절망할 것까지는 없다. 크립톤 램프를 다시 만들면 되고, 그 램프는 여전히 똑같은 주황색 빛을 낼 테니까.

23년 후인 1983년 미터 정의는 다시 바뀐다. 이번에는 빛의 파장이 아니라 빛의 속력이 핵심이었다.

빛은 1 초에 지구를 7바퀴 반 돌고, 지구에서 1.255 초 만에 달까지 갈 수 있다. 빛이 사람의 감각으로는 느끼지 못할 정도로 빠르다 보니, 11세기까지도 사람들은 광속이 무한하다고 생각했다. 아리스토텔레스도 데카르트도 광속이 무한하다고 주장했다. 최초로 광속이 유한하다고 주장한 사람은 이라크의 철학자 이븐 알하이삼(965~1040)이었다. 1021년 그는 저서 『광학의 서』에서 우리가 물체를 볼 수 있는 것은 물체로부터 어떤 물리적인 존재가 눈으로 들어오기 때문이고, 그 존재가 빛이라 했다. 이후로 사람들은 빛이 유한한 속력을 가진다고 믿고, 1983년까지 900여 년간 열심히 광속을 측정했다.[16]

그 긴 노력을 엿볼 수 있도록 광속 측정의 역사를 표로 정리해 보았다. 구경하듯 훑어만 보아도 좋을 것 같다.

20세기 초까지 과학자들은 빛이 에테르(액체 화학물질인 에테르

---

16 이호성, 『기본상수와 단위계-한국표준과학연구원 학술총서 제1권』, 교육사(청문각), 2016.

연도	인물	측정 방법과 결과
1676	뢰머	목성의 위성 이오의 식(蝕)을 관측 214 000 km/s
1726	브래들리	별의 광행차를 이용 301 000 km/s
1849	피조와 푸코	거울과 회전 톱니바퀴 이용 315 000 km/s
1862	푸코	회전거울 방법 298 000 km/s
1883	마이컬슨	푸코의 회전거울 방법 개선 (299 852 ± 60) km/s
1887	마이컬슨과 몰리	'마이컬슨-몰리 실험' 수행 에테르 부재 증명 특수상대성 이론 검증 역할
1916	맥스웰	전자기파 이론 발표 299 792 472 km/s
1924	마이컬슨	더 큰 간섭계를 꾸며 실험 바람, 안개, 불규칙한 온습도 영향 고려 (299 796 ± 4) km/s
1935	마이컬슨과 동료들	1.6 km의 진공튜브 이용 (299 774 ± 11) km/s
1950	에센	마이크로파 공진, '광속 = 주파수 × 파장' 이용 (299 792 ± 3) km/s
1973	이벤슨	메탄 안정화 헬륨-네온 레이저의 '광속 = 주파수 × 파장' 이용 (299 792 457.4 ± 1.1) m/s

▲ 광속 측정의 역사

가 아니다)라는 매질을 통해 전파한다고 믿고 있었다. 소리가 공기
를, 파도가 물을, 지진이 땅을 통해 전파되듯이, 파동의 일종인 빛
에도 사람이 느끼지 못하는 어떤 매질이 있어야 했다. 에테르 이론
에 따르면 에테르는 우주를 꽉 채우고 한 방향으로 흐른다. 마이컬

슨과 몰리는 간섭계로 에테르의 존재를 확인하는 실험을 했지만 결과는 뜻밖이었다. 에테르는 존재하지 않았다. 빛은 매질 없이 전파하고, 속력은 방향과 관찰자와 무관했다. 이는 광속이 상수라는 강력한 실험적 증거여서, 1905년 아인슈타인(1879~1955)이 특수상대성 이론을 발표할 때 하나의 근거로 인용되었다. 마이컬슨은 이 실험으로 1907년 미국인 최초로 노벨상을 받았다. 기대했던 에테르의 존재를 확인하지 못한 이 실험은 역사상 가장 유명한 '실패 실험'으로 통한다. 실제 이 실험이 아인슈타인의 특수상대성이론 전개에 직접적인 영향을 미쳤는지는 분명하지 않지만, 이론이 널리 퍼지고 인정받는 데는 큰 도움을 주었다. 과학자들은 이제 광속이 자연 상수임을 믿게 되었다(1864년에 이미 맥스웰도 모든 전자파—빛도 전자파의 일종이다—의 속력은 상수임을 이론적으로 증명했다). 한편 천문학과 측지학 등의 분야에서는 더 정확한 상숫값을 필요로 했다.

1960년 마이먼(1927~2007)은 최초로 레이저를 발명했다. 레이저는 크립톤 램프보다 색깔이 훨씬 더 순수하고, 훨씬 더 밝았다. 문제는 레이저 파장이 가만히 있는 것이 아니라, 이리저리 옮겨 다닌다는 사실이었다. 이것은 레이저 몸체의 길이가 열 때문에 변하기 때문이다. 물론 눈으로는 느끼지 못하고, 스펙트로미터라는 계측기를 써서 확인한다. 다시 말하지만, 온도와 열은 길이 측정의 원수다! 3년 후 레이저의 파장이 움직이지 않게 하는 기술이 개발되었다. 레이저 파장을 원자나 분자의 고유한 분광선에 묶어두는 방법으로, 이는 마치 배가 움직이지 못하도록 항구 말뚝에 매어두는 것과 같다. 이 기술을 '주파수 안정화'라 부르고, 안정화된 레이저를 주파수 안정화 레이저(줄여서, 안정화 레이저)라 한다.[17] 안정화 레이저는 일반 레이저와 달리 미터 정의 구현과 정밀 길이 측정을 위한 특수 레이저이다.

안정화 레이저의 출현은 광속 측정에 획기적인 변화를 가져왔다. 미국의 측정표준연구기관인 NBS[18]의 이벤슨은 메탄 안정화(메탄 기체의 분광선에 안정화한) 헬륨-네온 레이저를 써서 이전의 광속값보다 백 배 더 정밀한 값인 (299 792 456.2 ± 1.1) m/s를 얻게 되었다. 그런데 측정불확도 1.1 m/s는 크립톤 분광선의 비대칭성에서 비롯된 것이었다. 이후에도 유사한 실험 결과들이 얻어졌다.[19] 이벤슨은 레이저의 주파수와 파장을 각각 측정하고, '속력 = 주파수 × 파장'으로부터 광속을 계산했다. 주파수는 시간의 단위 초의 정의로부터 충분히 정확하게 잴 수 있었다. 세슘원자시계의 마이크로파 주파수의 상대불확도는 3×10^{-13} 수준이어서, 원자시계를 쓰면 주파수는 충분히 정확하게 측정할 수 있다. 그러나 파장은 그렇지 못했다. 미터의 정의가 광속 측정의 발목을 잡고 있었다.

크립톤 분광선 모양을 보정하고, 미국 NBS와 영국의 표준연구

---

17 주파수는 광속을 파장으로 나눈 값으로 광파가 1 초에 진동하는 횟수이다. 광주파수는 진공이나 공기 중에서 모두 같다.

18 지금은 NIST로 이름이 바뀌었다.

19 https://en.wikipedia.org/wiki/Speed_of_light

기관 NPL 두 연구기관의 측정값들을 평균하여 1973년 제15차 국제도량형총회에서 광속은 299 792 458 m/s로 권고되었고, 그 후 1979년 캐나다의 표준연구기관 NRC에서도 이 광속값이 다시 한번 확인되었다.

한편 광속의 불확도에 영향을 많이 받는 분야들이 있다. 광속에 가깝게 움직이는 물질을 많이 다루는 우주과학이나, 인공위성 GPS를 이용하는 통신 분야가 대표적이다. 이들 분야는 광속이 고정되면 유리하다. 미터 정의도 광속 고정의 수혜자가 될 수 있었다. 광속을 고정하면, '속력 = 주파수 × 파장'에서 주파수만 재면 레이저 파장을 알 수 있으니 파장(길이)을 주파수(시간)만큼 정확히 잴 수 있게 된다.

광속이 불변의 상수라는 사실을 부정하는 과학적 증거가 더 이상 나오지 않았으므로, 마침내 광속값을 고정하기로 했다. 이제 미터 정의는 광속이 상수라는 대전제를 바탕에 깔고 있는 현대과학과 한배를 타기로 한 것이다.

【 1983년 제17차 국제도량형총회의 미터 정의 관련 결정 사항 】

1. 미터는 빛이 진공에서 1/299 792 458 초 동안 진행한 경로의 길이이다.

2. 1960년 이래로 시행되어 왔던 크립톤 86 원자의 $2p_{10}$과 $5d_5$ 준위 사이의 전이에 기초한 미터의 정의는 폐기된다.

광속을 최고로 잘 재겠다고 마음먹은 청년은 그만 꿈을 접어야
겠다. 이는 과거에 미터원기가 지존으로 군림하던 시절, 미터원기
보다 더 정확한 막대를 만들겠다는 것과 다를 바 없다. 이제 광속값
299 792 458 m/s는 무조건 옳다! 앞서 광속을 최고로 정확히 재고
자 했던 과학자들은 더 좋은 '자'가 없어서 하산해야 했지만, 미터
의 새 정의 속에는 그들의 노력이 녹아 있다.

그럼 이 미터 정의는 어떻게 나타내야 할까. 과거에 막대나 램프
가 있었다면, 지금은 '안정화 레이저의 파장'이 있다. 광속 측정에
쓰였던 이벤슨의 안정화 레이저는 적외선 레이저라 눈에 보이지 않
아서, 실제 길이 측정에 이용할 수 없었다. 1972년 영국 NPL의 왈
라드A. J. Wallard는 빨간 빛을 내는 요오드 기체의 분광선에 안정화

▲ 한국표준과학연구원에서 개발한 요오드 안정화 헬륨-네온 레이저(한국표준과학연구원 제공)

한 '요오드 안정화 헬륨-네온 레이저'를 개발했는데, 이는 크립톤 램프보다 천 배 더 정확한 파장을 제공하며, 국제도량형총회가 명시한 상대불확도는 2×10^{-12}이다.

요오드 안정화 헬륨-네온 레이저는 오늘날 미터 정의를 나타내는 대표적인 최상위 실물이 되었다. 각 국가들은 이를 개발해 자국에서 이루어지는 길이 측정이 미터 정의에 소급되도록 한다.

그러면 최상위 실물이 얼마나 정확한지는 어떻게 알 수 있을까? 유일한 방법은 이들을 한데 모아놓고 서로 비교해 보는 것이었다. 각국의 연구원들은 자신들의 레이저를 들고, 정기적으로 한 곳에 모였다. 한편으로는 비교 결과가 궁금하지만, 또 한편으로는 두렵다. 모든 결과는 꼼꼼히 분석되고 알아보기 좋게 만들어져 전 세계에 공개된다. 이때마다 연구원들은 다시 입시생이 된다. 자신들의 측정 결과가 다른 기관들과 잘 일치하면 합격생이 되고, 혼자 뚝 떨어지면 낙방생이 된다. 천당과 지옥의 어느 문을 들어갈지 모를 '시험'은 정기적으로 반복되었다.

국제 비교가 두려운 연구원들에게 반가운 소식이 찾아왔다. 그 광명은 광빗optical comb 기술이 가져왔다. 광빗은 '광빛'의 오타가 아니다. 빛의 스펙트럼이 머리빗과 닮았다 하여 붙여진 이름이다. 광빗 이야기까지 하자면 글이 너무 길어질 것 같고, 다만 광빗 덕분에 요오드 안정화 헬륨-네온 레이저의 셀프 검증이 가능하게 되었다는 결론만 전한다. 연구원들의 애환이 묻어 있는 안정화 레이저의 국제 비교는 점점 역사의 뒤안길로 사라지고 있다. 광빗을 발견

한 공로로 독일 막스플랑크연구소의 헨슈T. W. Hänsch와 미국 NBS
의 홀J. Hall은 2005년 노벨물리학상을 수상했다.

정밀산업 현장에서 요구되는 길이의 측정정확도는 도대체 얼마
이기에 이처럼 정확한 레이저가 필요한 걸까? 한 예로 '공장의 자'
로 불리는 3차원 측정기라는 계측기를 보자. 3차원 측정기는 탐침
을 이용하여 주물, 자동차 부품, 에어컨 부품, 그리고 정밀기계에 새
겨진 눈금 등을 재는 장치로, 10^{-6} 이하의 상대불확도를 가진다. 즉,
측정값이 1 m이면 오차가 1 μm보다 작다는 말이다. 이 3차원 측정
기의 정확도는 상대불확도가 10^{-7}인 길이 기준물로 교정較正[20]해야
한다. 다시 이 기준물은 상대불확도 10^{-8}의 간섭계로 교정해야 하는
데, 이 간섭계의 광원으로 쓰는 레이저의 파장의 상대불확도는 10^{-9}
이어야 한다. 마지막으로 이 레이저를 천 배의 여유를 가지고 교정
하기 위해 상대불확도가 10^{-12}인 요오드 안정화 헬륨-네온 레이저
가 쓰인다.

2018년 제26차 국제도량형총회는 역사적인 국제회의였다. 미터
를 광속을 써서 정의했듯이, 이제 모든 기본단위가 자연상수를 써
서 정의된 것이다. 이에 따라 1983년의 미터 정의는 폐기되고 새로
운 표현으로 수정되었다. 아마도 여러분이 살아 있는 동안 다음의
미터 정의가 바뀔 확률은 2×10^{-12}일 것이다.

---

20 측정기나 그 기준물이 정확한지 확인하여, 기준에서 얼마나 벗어나는지 알려주는 일.

O°
노력은 계속된다

오늘날 모든 세계인은 길이 단위로 미터를 쓰고 있다. 비록 미국, 라이베리아, 미얀마, 이 세 나라는 아직도 그들의 전통 단위 사용을 공식적으로 허용하지만, 단위의 값들은 미터로 정해져 있으며, 언젠가는 그들도 미터법을 채택하게 될 것이다.

인류 역사 전체를 놓고 보면, 인류가 미터의 혜택을 누린 지 얼마 되지 않았다. 원시 시대부터 지금까지 인류문명의 발전과 함께 다양한 길이 단위가 생겨나고 사라졌다.

미터 이전의 단위들은 손과 발, 팔꿈치, 키, 양팔 간격, 보폭 같은 인체의 일부를 본떠 만들었다. 동양의 척과 촌, 서양의 인치, 피트, 큐빗, 야드, 마일 등이 이런 단위이다. 이런 단위들이 너무 주관적이다 보니 곡물 낱알의 크기로 기준을 정하기도 했다. 그리고 이 기준을 전달하기 수단으로 자와 소리를 이용했다.

그러나 인체든 곡물이든 길이 단위의 기준이 인간적이었을 때,

기준이 쉽게 변하고, 혼란과 편법이 난무했으며, 심지어 착취의 수단이 되었다.

프랑스혁명 중, 변하지 않는 자연에서 길이 기준을 찾는 노력의 결실로 비인간적 단위인 미터가 탄생했다. 지구 자오선의 길이에서 출발하여, 백금-이리듐 막대의 길이, 크립톤 램프의 파장을 거쳐 마침내 빛이 일정 시간 동안 이동한 경로의 거리로 미터의 정의가 바뀌었다. 이제 미터는 유일하고 혼동이 없으며, 시간과 공간을 초월하는 불변의 것이 되었다.

미터가 잘 정의되었다고 우리의 자가 저절로 정확해지지는 않는다. 미터의 최상위 실물에서 문구용 자에 이르기까지 이들을 유지하기 위한 방대한 국가적 노력이 숨어 있다. 미터협약국은 자국의 모든 길이 측정값들이 미터 정의에 어긋나지 않고, 세계 어디서나 통용될 수 있도록 노력할 의무가 있다. 대한민국 정부는 한국표준과학연구원의 요오드-안정화 레이저를 정점으로 하는 거대한 국가 측정소급체계를 구축하여 운용함으로써 국내 측정의 국제적 동등성을 유지하고 있다.

도대체 내 몸무게가 어떻게 된다는 거죠?

최재혁

"1 킬로그램이 어느 정도의 질량인지를 정하는 기준이 약 130년 만에 바뀌었습니다. 그동안 기준으로 삼아온…"

TV 속 아나운서는 살짝 과장된 들뜬 목소리로 2019년 5월 20일부터 발효되는 킬로그램 재정의 소식을 전하고 있었다. 중요한 뉴스가 나올 거야, 하며 TV 리모컨을 채간 나를 남기고 소파에서 일어나던 딸아이는 앵커 멘트의 어디가 관심을 끌었는지 슬그머니 다시 앉는다. 길지 않은 뉴스가 지나가고, 녀석은 반쯤 돌아앉더니 머뭇머뭇하다 입술을 뗀다.

"아빠, 킬로그램 기준이 바뀌면, 음, 내 몸무게가 느는 거야?"

풋, 하고 터지려는 웃음을 목구멍 뒤로 간신히 넘기고, 오히려 심각한 일이라는 듯 진지하고도 다정하게 답했다.

"아냐, 아냐. 안 늘어나. 걱정 안 해도 돼."

안심이 된다는 듯 얼굴에서 어두움이 걷히더니, 이번에는 설렘 같은 표정이 그 위로 떠오른다.

"그럼 혹시 줄 수도 있는 거야?"

정말, 참을 수가 없다. 이런 기회는. 상대가 아무리 까칠, 예민하신 대한민국 고등학생이라 해도.

"헐! 꿈도 꾸지 마!"

맨날 놀림을 당하기만 하다 드디어 역전에 성공한 통쾌함이라니. 근데 뭔가 잘못되고 있다. 나만 웃고 있었다. 실망과 당황 정도로는 표현이 부족한 복잡한 표정이 녀석의 얼굴에 오가더니, 한마디를 쏘아대고는 자기 방으로 들어가 방문을 쾅 닫는다.

"지들이 왜 맘대로 내 몸무게를 이랬다저랬다 결정해?"

"아니, 저, 맘대로는 아니고, 국제적인 협약에 따라…"

잔뜩 움츠린 목소리로 꺼낸 변명이 아이 방문을 부딪고는 힘없이 아래로 추락했다.

○°
제 몸무게가 바뀌나요?

두 발로 서고 손을 자유롭게 쓰게 된 먼 옛날부터 '무겁다', '가볍다'라는 개념은 인류에게 친숙했을 것이다. 우리는 일상 곳곳에서 '무게'나 '중량', 또는 '그램', '킬로그램'이라는 단어로 이 개념을 만난다. 몸무게가 2 킬로그램이나 늘었다고 걱정하고, 마트에서 저녁 거리로 삼겹살 600 그램을 산다. 저녁에는 라샤 탈라카제 선수[1]가

---

1 조지아 출신의 세계 역도 챔피언.

265 킬로그램을 들어 올리며 세계 신기록을 세웠다는 뉴스를 본다. 택배를 보내려고 안내문을 보면 한 박스에 최대 30 킬로그램까지만 담을 수 있다는 주의사항이 있다.[2] 연말이면 하루 300개나 되는 물품을 배달해야 하는 택배기사들의 근로 안전을 위한 조처이다. 서울 송파구에 들어선 롯데월드타워의 무게[3]는 75만 톤으로 대략 성인 천만 명의 몸무게를 합친 것과 같다.

일상에서는 보통 무게와 질량 ─ 질량의 단위가 킬로그램과 그램이다 ─을 혼동해서 사용하고 있지만, 실은 구분되어야 하는 개념이다. 표준국어대사전은 무게를 '물건의 무거운 정도'라고 정의하는데, 과학적으로는 지구가 물체를 끌어당기는 힘을 의미한다. 지구가 물체를 세게 끌어당길수록 이를 들고 있는 우리는 더 무겁다고 느낀다. 질량을 가진 모든 물체 사이에 작용하는 만유인력, 즉 중력 때문이다.[4] 힘의 단위는 중력을 수학적으로 밝힌 과학자 뉴턴 Newton 경의 이름을 딴 뉴턴(기호: N)이다. 무게는 우리가 어느 행성에 있느냐에 따라 달라진다. 달 표면에서는 달이 지구 중력의 6분의 1의 힘으로 물체를 당기므로 달에 가면 우리 몸의 무게가 6분의 1로 줄어들게 된다. 마음만 먹으면 자기 키보다 훨씬 높게 뛰어오

---

2 우체국 박스 중 국내용으로 가장 큰 5호 박스의 제한 용량도 30 킬로그램이다.

3 질량이라고 해야 맞지만 일상적인 표현을 사용했다.

4 뉴턴 방정식 $F = ma$에 따르면 힘(F)은 질량(m)과 가속도(a)의 곱이다. 무게(또는 지구 중력)를 구할 때 가속도는 중력가속도이다. 지구에서의 무게는 질량에 지구 중력가속도값인 $9.8 \ m/s^2$를 곱한 양이고, 달에서는 달의 중력가속도값인 $1.62 \ m/s^2$를 곱한 양이다.

를 수도 있다. 만약 여러분이 생텍쥐페리의 소설에 나오는 어린왕자의 별에 초대받는다면 아주 조심해야 할 것이다. 중력이 너무나 작아 조금만 힘차게 걸어도 튀어 올라 영영 돌아오지 못할 수도 있다.

무게와는 달리 우주 어디에서도 바뀌지 않는, 물체[5]의 고유한 특성값은 질량이며 질량은 중력을 일으키는 근원이다. 여러분이 달에 간다고 해도 몸의 질량은 그대로이다. 달에서 "삼겹살 600 뉴턴 주세요."라고 하면 지구에서 생각한 양보다 6배 많은 삼겹살을 받아들게 될 것이다. "삼겹살 600 그램 주세요."라고 해야 지구에서나 달에서나 같은 양을 받을 수 있다. 미래에 달이나 화성 기지에서 살게 될 때 당황하지 않으려면 질량과 무게는 구분하는 게 좋다.

질량의 단위로는 킬로그램(기호: kg)을 쓴다. 그런데 단위로 킬로그램을 쓴다는 것은 어떤 뜻일까? 단위는 질량과 같은 물리량을 재기 위한 기준이고, 국제적인 협약을 따라 세계 많은 나라에서 국제단위계라는 단위 체계를 쓰고 있다. 기준은 측정학자들이 당대 최고의 과학기술을 동원하여 정한다. 질량의 경우, 지난 100여 년간 파리 외곽에 위치한 국제기구인 국제도량형국에 보관된 금속 원기둥의 질량을 1 kg으로 삼았다. 이 특별한 금속 원기둥을 국제킬로그램원기International Prototype of kilogram, IPK라고 한다. 내 몸무게가 70 kg이라는 것은 국제킬로그램원기의 70배라는 뜻이다. 아니, 그랬었다.

---

5 편의상 물체라고 했지만 질량을 가진 모든 존재에 해당한다. 원자, 사과, 사람, 지구, 어느 것이든.

앞서 2019년에 킬로그램의 정의가 바뀌었다고 말했는데, 그것은 질량을 재는 기준이 바뀌었다는 이야기이다. 그렇다면 딸의 걱정처럼 몸무게가 달라지나? 지금까지 잰 수많은 질량값들—실험실의 원자부터 한국은행의 금괴까지—을 다 바꿔야 할까? 그렇지는 않다. 질량의 기준을 정하는 과학적 방법은 바뀌었지만, 새로운 기준으로 쟀을 때도 국제킬로그램원기의 질량이 여전히 1 kg이 되도록 했다.[6] 사회와 과학기술계의 혼란을 막기 위한 것이다. 2019년 이전에 측정한 질량값들은 여전히 유효하다. 여러분의 몸무게도. 여러분이 엄청 더 먹거나 덜 먹지 않았다면 말이다. 측정과학자들은 이처럼 사려가 깊다.

○°
킬로그램 이야기

질량의 단위인 킬로그램은 처음에 어떻게 정해졌을까?

아주 오랜 옛날, 어지러운 세상을 구하기 위해 열일곱 나라의 대마법사가 파리에 모였다. 상거래나 세금을 내기 위해 무게를 정해야 하는데, 일치된 기준이 없어 아주 혼란스러운 상황이었다. 회의 끝에 연금술사를 동원하여 원기둥 모양의 절대질량체를 만들었다. 앞으로 온 세상에서 쓰이게 될, 단 하나의 질량 기준. 그것이 우리

---

6 물리상수인 플랑크 상수의 값을 아주 약간 조정했는데, 뒤에서 다시 얘기될 것이다.

가 쓰고 있는 킬로그램이 되었다. 남은 재료로는 절대반지를 몇 개 만들었다, 라는 판타지는 어떤가?

이제 진짜 역사를 얘기해 보자. 18세기 말 프랑스는 혁명의 열기도 높았지만, 수백 개에 이르는 도량형 단위의 혼란 때문에 민중의 불만이 최고조에 달하기도 했다. 도량형 개혁을 위해 프랑스 과학아카데미가 1790년에 위원회들을 구성했는데, 화학자 라부아지에 (1743~1794)가 속한 세 번째 위원회는 질량 표준을 정하는 임무를 받았다. 이 위원회는 질량 표준을 정하기 위해 일정한 부피의 증류수의 질량을 어는점에서 측정하는 실험을 진행했다.

한편 들랑브르와 메생이 북극에서 적도까지 사분자오선의 길이를 측정하는 임무를 완수하자 길이 단위인 '미터'가 정해졌고, 이에 따라 정확한 부피 측정이 가능해졌다. $1 \ dm^3$ [7] 부피를 갖는 물의 질량을 $1 \ kg$으로 정하고, 같은 질량을 가진 백금 원기둥을 만들었다. 이렇게 만들어진 킬로그램표준기는 미터표준기와 함께 1799년에 혁명 정부에 제출되었다. 두 표준기는 현재 프랑스 국가 기록원에 보관되어 있다.

그로부터 70여 년 후, 17개국이 서명한 미터협약[8]에 맞춰 킬로그램과 미터의 표준기인 원기들도 새롭게 제작되었다. 원기가 되기위해서는 쉽게 부식되지 않고 충분히 단단해서 마모에 강해야 한

---

7 각 변이 0.1 m인 정육면체의 부피이다.
8 1875년 5월 20일에 프랑스 파리에서 체결된 최초의 미터법 국제협약.

▲ 프랑스 국가기록원에 보관된 기록원 미터와 기록원 킬로그램(출처: Terry Quinn, "The Metre Convention of 1875: A Commentary and new English edition," *La Rivista del Nuovo Cimento* 42.6, 2019)

다. 또한, 밀도가 높아 공기 부력 효과가 적고, 전기가 잘 통해 정전기 효과가 없으며, 자성을 거의 띠지 않고, 열전도 또한 좋아야 한다. 최초의 원기 재료였던 백금은 이 대부분의 조건을 충족했지만 약간 무르다는 단점이 있었다. 이후, 야금기술의 발달로 고품질의 합금 주조가 가능해지면서 경도를 높인 백금-이리듐 합금이 개발되었다.[9] 국제도량형국은 이 재료로 최초 3개의 표준 원기둥을 만들어 그중 하나를 국제킬로그램원기로 선정하고, 이후 추가 40개의 킬로그램 원기를 만들었다.

---

9 길이의 단위를 다룬 2장 참조.

국제도량형국은 국제킬로그램원기 외에도 몇 개를 공식 사본으로 운용했다. 미터협약에 서명한 회원국들도 킬로그램원기 사본과 미터원기 사본을 받았다. 1889년 9월에 국제도량형국의 상위 기구인 국제도량형총회가 처음 열렸으며, 미터원기와 킬로그램원기[10]가 공식적인 국제 표준으로 승인되었다.

₀° 비밀의 방

이때 만들어진 국제킬로그램원기는 6개의 공식 사본과 함께 지금도 국제도량형국 지하 특별 보관실의 금고에 보관되어 있다. 2019년 이전으로 잠시 시계를 돌려두고 설명을 계속하자. 국제킬로그램원기가 1 kg의 세계 기준이므로 각국의 질량 단위의 표준이 되는 국가킬로그램원기도 이와의 간접 비교를 통해 그 값을 검증받는다. 국가킬로그램원기는 한 나라 질량 측정의 기준이다.

그러나 국제킬로그램원기가 직접 국가킬로그램원기를 만나는 일은 없다. 너무나 귀하신 몸이기 때문이다. 오염되어서도 안 되고 미세하게 긁혀서도 안 된다. 귀금속이라서가 아니다. 130년간 지켜 온 세계 하나뿐인 질량 기준이기 때문이다. 국제킬로그램원기가 손상되어 질량이 바뀌면 기준이 바뀌는 것이고, 질량 단위를 전 세계

---

10 킬로그램원기가 초기에는 무게의 기준으로도 혼용되었으나 1901년 제3차 국제도량형총회에서 질량의 기준으로 확정되었다.

국가에 보급하는 체계가 무너질 수도 있다.

그래서 국가킬로그램원기와의 비교는 원기 계층 체계를 이용하여 간접적으로 이루어진다. 국제킬로그램원기는 40년마다[11] 여섯 개의 공식 사본들과 질량을 비교하고, 각 공식 사본은 10년에 한 번 실용 사본working standard들과의 비교에 사용된다. 실용 사본들은 다시 세 단계로 나뉘는데, 각국의 국가킬로그램원기는 5년에 한 번 파리로 보내져 맨 아랫 단계의 실용 사본인 현 사용 사본standards for current use과 비교되고, 그 차이만큼 국가킬로그램원기의 질량값이 수정받게 된다.

국제킬로그램원기를 보관하는 지하 금고 방은 접근이 엄격하게 통제되어 있다. 금고 방을 열기 위해서 모두 3개의 열쇠가 필요한데, 1개는 국제도량형국 국장, 1개는 국제도량형위원회 위원장, 나머지 1개는 프랑스 외무부 관리가 갖고 있다. 세 사람 중 누구도 혼자서는 국제킬로그

▲ 국제킬로그램원기와 공식 사본(한국표준과학연구원 제공)

---

11 킬로그램 재정의를 대비하여, 2014년에 예외적으로 22년 만에 특별 교정 캠페인을 진행하여 원기들을 비교했다. 국제도량형국의 원기들뿐만 아니라 몇 개국의 국가원기도 같이 참여했다.

램원기를 꺼내 볼 수 없다. 이 금고문은 1년에 단 한 번 열린다. 국제도량형위원회가 개최되어 위원들이 국제킬로그램원기가 잘 보관되어 있는지 확인하는 행사를 할 때.

측정학계에서 일하더라도 대부분에게는 국제킬로그램원기를 직접 볼 기회가 주어지지 않는다. 나도 이번 생에 보려면 국제도량형위원회 위원이 되거나 프랑스 외무부라도 들어가야 할 형편이다. 한국표준과학연구원의 정 모 박사님처럼 신이 내린 행운이 없다면 말이다. 정 박사님은 1997년 국제도량형국에서 방문연구원으로 일하셨는데 마침 그 해에 국제도량형위원회가 열렸다고 한다. 당시 국제도량형국의 사진 기록 업무를 담당한 연구원이 바로 옆 사무실을 썼는데, 국제킬로그램원기를 확인하는 행사가 끝나고 금고 방을 나서려던 정 박사님을 조용히 잡더란다. 잠시 기다려 봐요, 내가 사진 찍어 줄게. 국제킬로그램원기와 단독 사진을 찍는다는 것, 국제도량형위원회 위원에게도 주어지지 않는 기회이다.

국제킬로그램원기는 지름과 높이가 약 39 mm인 원기둥 모양이다. 표면 오염을 줄이기 위해서 표면을 매끄럽게 연마하고 겉면적이 최소화되도록 만든 것이다. 물론 구 모양이 이론적으로 최소의 겉면적을 가지지만, 제작과 활용에 편하도록 원기둥 모양을 선택했다고 한다.

놀랍게도 미터협약에 맞춰 제작된 초기 40개의 킬로그램원기 사본 중 한 개를 고종황제 때 조선이 들여왔다는 주장이 있다. 원기 39번이다. 고종황제가 1902년에 도량형 업무를 관장하는 관청인

평식원平式院을 설치했으니 개연성도 있다. 한편, 국제도량형국 기록에는 원기 39번이 일본에게 인도되었다고 나와 있다. 한일의정서를 시작으로 국권이 넘어가던 혼란한 시기이니 정확한 경위는 알 수 없다.

1945년 광복 이후 일본에서 가져온 39번 원기는 한국은행에서 보관하고 있었는데 곧 6.25전쟁이 터졌다. 정부가 피난하면서 아무도 이 원기를 챙기지 않아 그만 버려지고 마는데, 다행히 나중에 국군이 수복했을 때 되찾을 수 있었다고 한다. 여기저기 긁힌 상처는 남았지만.

대한 1호 킬로그램원기는 현재 한국표준과학연구원 질량실에 고이 보관되어 있다.[12] 보관실은 일정한 온도와 습도로 엄격하게 유지된다. 39번 원기는 오랜 세월 갖은 시련을 겪는 동안 표면에 여러 개의 스크래치가 생겨 국가킬로그램원기로는 적합하지 않다고 판정받았다. 그러나 우리 연구원은 지속적으로

▲ 킬로그램원기 39번. 사진에서는 잘 안 보이지만, 숫자 39가 새겨져 있다.

그 질량을 정밀 측정하며 변화를 기록해 가고 있다. 39번 원기를 보

---

12 현재 한국표준과학연구원에는 이를 포함하여 4개의 국가킬로그램원기가 있다.

고 있으면 스크래치가 흉해 보이지 않는다. 할머니의 주름진 손등을 보는 듯하다. 시간의 변화를 기록하는 일 하나하나가 소중하다.

해적에게 빼앗긴 미국 도량형

국제도량형위원회는 현재 62개 회원국과 41개의 준회원국을 두고 있다. 전 세계 대부분의 나라가 킬로그램과 미터가 포함된 미터법의 국제단위계를 쓰고 있지만, 단 세 나라가 예외이다. 미얀마, 라이베리아, 그리고 미국인데 이들은 야드파운드법을 쓰고 있다. 미국은 미터법으로 바꾸려고 몇 번 시도했으나 엄청난 사회적 비용 문제로 번번이 좌절되었다. 기회가 없었던 것은 아니다. 미국은 이미 프랑스혁명 시절에 미터 표준기와 킬로그램 표준기에 대해 알고 있었다. 그런데 왜?

1794년 1월, 센강이 파리를 관통하여 바다에 흘러드는 곳, 르 아브르 항. 바람은 살을 벨 듯했지만 하늘은 맑았다. 끊임없이 드나드는 무역선을 배경으로 출항 준비를 하는 범선 '순'호에 한 중년의 사내가 올랐다. 상냥한 인상과 피로해 보이지만 빛나는 눈. 뱃사람으로는 보이지 않는 품위 있는 태도. 그는 프랑스 의사이자 식물학자 조제프 돔베Joseph Dombey였다.

행선지는 미국 필라델피아. 미국 초대 국무장관이었던 토머스 제퍼슨이 도량형 개혁안을 작성하기 위해 프랑스에 요청한 물건을 전달하고, 미국의 식물 표본을 수집하는 것이 임무였다. 프랑스 공안위원회도 새 도량형을 전 세계에 전파하려는 의지가 강했다. 돔베의 품속에는 공안위원회의 편지가, 단단히 쥔 가방 속에는 구리로 만든 임시 길이표준기와 임시 무게표준기가 들어 있었다.

멀리 육지가 보였다. 필라델피아였다. 그러나 사납게 몰아치는 폭풍에 심하게 흔들리는 배 안에서 돔베는 불안에 몸을 떨고 있었다. 이윽고 파도가 집어삼킬 듯 솟더니 범선의 선미를 때렸다. 순호는 부서진 채 앤틸리스 제도로 떠내려가 과들루프의 푸앵타피트르 항에 정박하게 되었다. 과들루프는 프랑스 식민지였다. 그러나 왕당파였던 총독은 돔베를 체포하고 수감한다. 군중의 요구로 풀려나긴 했지만 사고로 강물에 빠지고 나서 돔베는 급격히 건강이 나빠졌다. 시간이 지나 총독은 돔베가 혁명 선동가가 아닌 것을 확인하고 다시 순호에 오르도록 허락했다.

돔베의 불행이 그치는 듯했으나, 출항한 지 얼마 되지 않아 순호는 캐리비안 해적의 습격을 받게 된다. 해적들은 화물을 빼앗고 돔베를 감금하고 몸값을 요구했다. 몸 상태가 좋지 않았던 돔베는 3월 말에 감금된 채 사망하고, 임시 표준기들은 다른 화물과 함께 경매에 붙여졌다. 결국 미국 의회는 도둑맞은 표준기를 제때 받지 못했다. 잃어버린 표준기가 미국 정부 손에 들어온 것은 20세기 중반이나 되어서였다.

미국이 쓰고 있는 야드파운드법은 원래 영국이 1824년에 법제화한 제국 도량형법이다. 당시 길이의 표준으로 기대했던 초진자의 오차가 예상보다 커 옛 표준기의 사본을 본 떠 야드표준기를 제작했다. 파운드는 화씨 62 도의 온도와 수은 압력 30 인치 크기의 기압에서 증류수 1 세제곱인치의 무게를 공기 중에서 측정한 값으로 정했다.

그렇다면 야드(기호: yd)와 파운드(기호: lb)의 기준은 국가에서 어떻게 관리할까? 국가파운드원기란 게 있을까?

미국은 1890년 국제도량형총회에서 승인한 미터표준기와 킬로그램표준기 사본을 받았다. 1893년 4월에는 연안조사측지국Coast and Geodetic Survey[13]의 멘던홀 국장이 "국제미터원기와 킬로그램원기를 기본 표준으로 삼고 (중략) 미터와 킬로그램을 관습 단위인 야드와 파운드의 기준으로 삼는다."[14]라고 선언했다. 사실 미국 질량과 길이의 최상위 표준은 미터법을 따르고 있다! 그러나 관습적으로 일상생활과 산업에서는 야드파운드법을 쓴다.

야드파운드법을 버리지 못하고 있다 보니 큰 대가를 치르기도 한다. 화성기후궤도선Mars Climate Orbiter은 NASA 개발 화성 탐사선이었다. 5천만 킬로미터의 우주를 몇 년에 걸쳐 날아간 뒤 드디어 1999년에 화성에 도달했다. 화성 궤도에 진입 직전 NASA 연구원들이 숨을 죽이며 모니터를 쳐다보고 있었다. 궤도 진입을 위해 추력 점화에 의한 경로 수정을 계산하고 수행했는데, 화성 뒤편으로

---

13 미 해양대기관리청 산하 국가측지국의 전신.
14 1 yd는 3600/3937 m로 정하고, 1 lb는 1/2.2046 kg으로 정하고 있다.

숨은 탐사선이 다시 나타나지 않았다. 전파 신호가 지구에 도착하는 데 걸리는 시간, 10분 55초. 30분, 1시간이 흘렀지만 탐사선은 더 이상 어떤 전파도 보내지 않았다.

원인 조사에 들어갔다. 조사 결과를 보고받은 NASA 국장은 귀를 의심할 수밖에 없었다. 궤도 수정에 쓰인 소프트웨어 문제였으나 핵심은 프로그램의 논리적 오류에 있지 않았다. 탐사선의 제작사였던 록히드마틴사가 제공한 소프트웨어는 야드파운드 단위로 값을 제공했는데, 탐사선을 운영하는 NASA가 만든 소프트웨어는 이를 미터법 값으로 이해한 것이다. 결과적으로 추력기에서 발생하는 힘을 실제보다 약 4.45배 적은 값으로 예측하게 된 것이다.[15] 궤도 진입에 실패한 탐사선은 화성 대기의 상층부를 스친 후 폭발했을 것이다. 약 3천 500억 원의 탐사 프로젝트가 도량형 오류 때문에 순식간에 물거품이 되었다. 따져보면 이게 다 그 캐리비안 해적 탓이다.

○° 질량, 어디까지 재봤니?

현대 과학기술로 우리는 세상에서 가장 작은 입자인 전자의 질량부터 가늠할 수 없을 정도로 큰 은하계의 질량까지 측정하거나

---

15 1 파운드힘이 4.45 뉴턴의 힘에 해당한다.

관측해서 알아낼 수 있다. 크기로는 너무나도 다른 존재들이 공통의 물리량인 질량을 갖고 있다는 점은, 우주를 꿰뚫는 묘한 연대의식을 느끼게도 하고 때론 만화적인 상상을 불러일으키기도 한다. 전자, 주기율표의 원자들, 온갖 동식물들, 지구와 하늘에 떠 있는 행성과 별들… 세상에 존재하는 그 모든 것들이 한 줄로 서서 차례로 저울에 오르는 상상.

일상이나 산업 현장에서 질량을 잴 때는 저울을 이용한다. 저울을 이해하려면 뉴턴의 라이벌이었던 로버트 훅(1636~1703)[16]이 발견한 훅의 법칙을 알아야 하는데, 고체에 힘이 가해져 변형될 때 변형의 양이 그 힘에 비례한다는 법칙이다. 물체의 질량이 클수록 지구가 세게 끌어당기므로, 이 힘에 비례해서 생기는 용수철의 변형을 시각적으로 또는 전기적으로 재는 것이 저울의 원리이다. 초등학교 과학 실험 시간에 본 용수철저울이 쉬운 예이고, 도로에서 과적 차량을 단속할 때 쓰이는 축중기도 원리는 같다. 최대 0.5 kg까지 측정할 수 있는 M사의 초정밀 저울의 경우 0.1 mg까지 표시되며, 두 물체의 질량을 비교하는 질량비교기의 경우 0.1 μg(마이크로그램)의 작은 차이까지 표시된다. 1 μg은 1 kg의 10억분의 1이다.

원자나 분자의 질량은 질량분석기Mass Spectrometer[17]로 잴 수 있

---

16 영국 자연철학자. 물리, 화학, 생물 등 다방면에서 업적을 쌓았으며, 세포cell라는 용어를 최초로 사용했다. 중력이 거리의 역제곱 법칙을 따른다는 연구 결과를 내어 뉴턴과 오랫동안 선취권 문제로 충돌했다.

17 빌헬름 빈이 1899년 전하의 휨 현상을 발견했고, 1912년에 조지프 존 톰슨이 개선하여 질량분석기를 발명했다.

다. 전기장, 자기장에서 정전기(전하)를 띤 입자가 로렌츠힘을 받아 가속되거나 휘는 물리 현상을 이용한다. 여러 종류가 있는데, 비행 시간형 질량분석기Time of Flight Mass Spectrometer는 입자를 전기장 속에서 가속하여 결승선에 도착하는 시간을 재는 방식으로, 무거운 입자일수록 늦게 도착한다. 입자들의 달리기 경기라고 볼 수 있다. 자기섹터 질량분석기Magnetic Sector Mass Spectrometer의 경우 자기장 속에서 입자의 경로가 휘게 되는데 그 반경을 재서 질량을 구한다. 무거운 분자일수록 크게 돌게 된다.

반대로 아주 큰 질량, 즉 지구나 태양의 질량은 어떻게 알 수 있을까? 부력의 원리를 발견했던 고대 그리스의 아르키메데스(기원전 287?~기원전 212)는 시라쿠사의 왕 히에론 앞에서 "나에게 지렛대와 지탱할 장소만 준다면 나는 지구도 움직일 수 있다."[18]라고 장담했다고 한다. 실제로 지구의 질량을 처음 잰 사람은 영국의 과학자인 헨리 캐번디시(1731~1810)이다.[19] 캐번디시가 측정을 위해 고안한 비틀림저울torsion balance은 긴 금속선 아래에 막대를 수직으로 매단 구조로, 막대 끝에 미세한 힘이 가해질 때 금속선이 비틀린 정도를 측정하는 장치이다. 막대기 양 끝에는 직경이 5 cm이고 질량이 0.73 kg인 납공 두 개가 붙어 있었다. 이 납공 주변에 160 kg

---

18 "Give me a place to stand (on), and I shall move the Earth." 알렉산드리아의 파푸스Pappus of Alexandria가 그의 책 Synagoge에서 인용했으나, 아르키메데스가 남긴 저서에는 나오지 않는다.
19 실제로는 지구의 밀도를 재는 것이 목적인 실험이었으며, 그 값이 물의 밀도보다 5.448배 크다는 결과를 얻었다. '지구 무게를 재는 실험'으로 불린다.

의 무거운 납공을 고정하고, 매달린 납공과 고정된 납공 사이의 중
력을 측정했다. 이로부터 뉴턴의 중력 공식에 나오는 중력상수 G 값
을 구했는데, 현대 과학자들이 잰 값과 10 %밖에 차이가 나지 않는
다. 놀랍다. 캐번디시는 중력상수값을 구한 후 중력식과 중력가속
도, 지구반지름값으로부터 지구의 질량[20]을 구할 수 있었다.

그렇다면 지구의 질량은 일정할까? 세계 각국에서 경쟁적으로
위성을 쏘아 올리고 있으니 줄어들고 있을까? 아니면 운석이 떨어
지니 늘어날까? NASA의 계산에 따르면 지구로 떨어지는 작은 운

【 지구의 질량을 구해 보자 】

뉴턴의 중력 법칙

$$F = G\frac{m_1 m_2}{r^2}$$

에 따르면, 중력(F)은 두 질량체의 질량(m_1, m_2)이 클수록 커지고, 거리(r)
가 멀어질수록 그 제곱에 비례하여 줄어든다. 중력상수로 불리는 G는 비
례상수로, 현재 그 값은 $6.674\ 08 \times 10^{-11}$ m^3 kg^{-1} s^{-2}으로 알려져 있다. 캐
번디시는 두 납공의 질량(m_1, m_2)과 그 사이의 거리(r), 그리고 측정한 힘
(F)을 중력식에 넣어 G값을 구했다.

멋진 것은 이 공식이 질량을 가진 세상 모든 것에 적용된다는 점이다. G 값
은 두 납공 사이뿐만 아니라 납공과 지구 사이에서도 같다. 납공이 낙하할

---

20 지금까지 가장 정확하다고 알려진 지구의 질량 예측값은 $5.972\ 2 \times 10^{24}$ kg이다.

때 지구가 당기는 힘을 뉴턴의 운동방정식을 이용해 표현하면 납공의 질량(m_1)과 중력가속도($g = 9.8$ m/s^2)를 곱한 값, $F = m_1 g$ 이다. 또한 이 힘은 위의 중력식을 이용해서 표현할 수도 있다. 두 힘은 같은 힘이므로

$$F = m_1 g = G \frac{m_1 M}{R^2}$$

가 성립한다. 여기서 M은 지구의 질량이고, R은 납공과 지구 중심 사이의 거리인데 지구반지름값 6371 km를 넣으면 된다. G, R, g 값을 알고 있으므로 이로부터 M을 구할 수 있다. 답은 6.0×10^{24} kg 이다.

석들과 우주먼지는 연간 약 4만 5천 톤이라고 한다. 이에 비하면 지금까지 인간이 우주로 쏘아 올린 장치들은 모두 6~7천 톤에 불과하다니 무시해도 좋다. 그럼에도 지구의 질량은 줄고 있는데, 주된 원인은 대기를 구성하는 기체 분자들이 계속 빠져나가는 데 있다. 주로 수소와 같은 가벼운 기체 분자로, 탈출속도[21]에 이르면 지구 대기를 빠져나가게 된다. 수소는 연간 9만 5천 톤, 헬륨은 연간 1천 6백 톤이 빠져나가 대기 기체의 손실은 연간 약 10만 톤에 달한다. 결산하면 지구는 매년 5만 5천 톤씩 가벼워지고 있다![22]

질량을 측정한다는 것은 관심 대상물의 가장 기본적이고도 고유한 역학적 정보를 알아내는 행위이다. 우리는 그 정보를 이용해 상

---

21 지구 탈출속도는 수소 분자나 우주선이나 똑같이 11.2 km/s 이다.
22 지구 질량의 0.000 000 000 000 000 01 %에 불과하다. (위키피디아 '지구질량' 항목 참조)

거래에서 물품이나 물질의 양을 확인하고, 분자의 정체를 밝히며, 로켓의 궤적을 계산하고, 거대한 빌딩과 교량의 구조적 안정성을 예측한다. 또한, 몇천만 광년 떨어진 블랙홀의 질량을 알아내 지구 상의 인류가 밝혀 낸 과학 법칙이 광활한 우주에서 여전히 유효함을 검증하기도 한다. 오늘도 저울은 바쁘다.

○°
질량의 비밀

지금까지 질량의 단위와 측정에 대해 살펴보았다. 그렇다면 대체 질량이란 무엇인가? 질량의 개념을 정립하고 그 비밀을 밝히기 위해 철학자와 과학자들이 밟아온 역사적 발자취를 잠시 따라가 보자. 알렉산더 대왕의 스승이었던 아리스토텔레스(기원전 384 ~ 기원전 322)는 낙하 현상을 물질을 이루는 4가지 근본원소가 자기 자리로 돌아가려 하는 본성이라고 보았다. 우주의 중심에 흙이 모여 지구[23]가 되고 그 위로 물, 공기, 불 순서로 제자리가 있다는 것이다. 그렇기 때문에 돌멩이를 손에서 놓으면 추락하고, 공기 중의 불덩이는 위로 치솟는다고 설명했다.

그리고 지상에서는 멈춤이 근본적인 상태이며 무엇을 움직이려면 계속 밀어주는 행위가 있어야 한다고 생각했다. 반면, 태양과 달

---

23 그리스 철학자들에게도 지구가 둥글다는 것은 상식이었다.

을 포함한 천체가 계속 움직이는 것은 신의 섭리이며, 신이 밀어 주는 것으로 이해했다. 지상과 천상은 다른 세계이고, 따라서 다른 법칙을 따른다는 믿음이었다.

알렉산드리아 도서관의 사서였던 아리스타르코스(기원전 310~기원전 230)[24]처럼 태양중심설을 주장한 그리스인도 있었지만 주류는 아니었다. 오랫동안 천문학계를 지배했던 것은 지구를 중심으로 천체들이 등속원운동을 한다는 천동설이며, 수학적으로 정교한 이론을 완성한 프톨레마이오스(85~165)의 『천문학 집대성』은 천문학의 바이블이 되었다.

지구가 우주의 중심이라는 오랜 믿음에 균열이 가게 된 것은 니콜라우스 코페르니쿠스(1473~1543)와 갈릴레오 갈릴레이(1564~1642)가 지동설을 주장하면서부터이다. 갈릴레이는 '이론을 수립하고 실험을 통해 검증한다'는 근대 과학의 방법론을 제시한 과학자이다. 스스로 제작한 굴절망원경으로 천체를 관찰하여 목성의 네 개 위성을 발견했고, 금성이 태양 주위를 돌며 달처럼 차고 기우는 현상을 관측하여 지동설을 증명했다. 망원경으로 내다본 천체는 완전무결한 존재가 아니었다. 태양에는 흑점이 있었고 달은 울퉁불퉁한 암석 덩어리일 뿐이었다.

갈릴레이는 낙하와 관성에 대해 중요한 업적을 쌓았는데, 이는 근대 역학의 핵심 개념이 된다. 그중 하나가 질량과 낙하속도가 비

---

24 지구가 하루 한 번 자전하고 1년에 한 번 태양을 크게 돈다는 가정에서 태양까지 거리와 태양의 크기를 계산했다.

례한다는 아리스토텔레스의 주장을 반박한, '피사의 사탑' 실험이다. 질량이 다른 두 개의 구를 떨어뜨리는 실험으로 두 구가 땅에 도달하는 데 시간 차가 없음을 확인하고, 낙하하는 물체는 질량과 무관하게 같은 가속도를 갖는다는 것을 발견했다.[25] 또한, 갈릴레이는 기울어진 면을 실험에 많이 이용했는데, 속도를 늦추어 낙하 현상을 더 자세히 관찰하기 위함이었다. 고속카메라나 스마트폰이 없던 시대, 갈릴레이는 속도를 재기 위해 구가 빗면 위를 지나는 경로에 일정 간격으로 여러 개의 종을 매달았다고 한다. 구가 부딪혀 종이 울릴 때마다 시간을 재서 속도를 알 수 있었다. 이 실험으로부터 빗면을 굴러 내려온 구가 마찰이나 공기저항이 없다면 지속적으로 움직일 것이라는 결론을 내렸다. '관성의 법칙'의 발견이었다.

갈릴레이와 동시대를 살았던 요하네스 케플러(1571~1630)의 업적도 빼놓을 수 없다. 스승이었던 티코 브라헤(1546~1601)는 태양계가 지구 주위를 도는 복잡한 우주관을 제시하긴 했지만, 제자에게 남긴 화성 관측 자료는 방대하고도 매우 정확했다. 케플러는 이를 바탕으로 행성 운행에 관한 세 가지 법칙을 완성한다. 행성이 원이 아니라 타원 궤도를 돌고, 태양에 가까울수록 빨리 돌며, 한 바

---

25 갈릴레이의 제자가 쓴 전기에 갈릴레이의 피사의 사탑 실험이 기술되어 있으나, 대부분의 역사학자들은 사고실험이었을 것으로 믿고 있다. 가벼운 물체와 무거운 물체를 끈으로 이어 떨어뜨리는 상황을 상상해 보자. 속도가 질량에 비례한다고 가정하면 무거운 물체가 먼저 떨어져야 하나, 끈으로 연결된 하나의 시스템으로 보면 둘을 합친 질량에 비례해 더 빨리 떨어져야 한다는 모순이 생긴다. 가정이 틀렸음을 알 수 있다.

퀴를 도는 시간의 제곱값이 공전 반지름의 세제곱에 비례한다는 법칙이다. 케플러도 행성이 왜 그런 법칙을 따르는지 설명할 수는 없었다. 다만 스승의 데이터가 그렇게 말하고 있었다. 그 이유를 알기까지 인류는 위대한 과학자, 아이작 뉴턴을 기다려야 했다.

갈릴레이가 죽은 해에 태어난 뉴턴(1643~1727)은 고대 그리스로부터 이어져 온 물체의 운동, 낙하 현상, 지동설에 관한 오랜 논란을 단숨에 종식시켰다. 스스로 만든 미적분법이라는 수학적 방법을 통해서였다. 우주를 움직이는 수학적 구조를 밝히는 물리학이 시작되는 순간이었다.

1687년에 출판한 『프린키피아(자연철학의 수학적 원리)』는 세 권으로 나누어져 있는데, 1권에는 뉴턴의 세 역학 법칙인 관성의 법칙, 운동의 법칙, 작용-반작용의 법칙이 담겨 있다. 그리고 3권에는 중력과 지동설에 대한 수학적 증명이 담겨 있다. 뉴턴은 태양과 행성 사이에 역제곱의 인력이 작용한다면 그로부터 케플러의 세 가지 법칙이 모두 유도될 수 있음을 밝혔다. 이로써 천체가 움직이는 법칙은 정리가 되었다. 그렇다면 지상의 운동은? 또다른 법칙을 세워야 할까?

뉴턴이 사과가 떨어지는 것을 보고 중력을 발견했다는 표현은 많은 오해를 불러일으킨다. 마치 사과를 떨어뜨리는 힘의 존재를 알게 되었다는 듯. 그건 어느 똑똑한 네안데르탈인도 생각하지 않았을까? 뉴턴의 위대함은 사과의 낙하 현상이 천체의 궤도운동과 같은 현상이라는 사실을 꿰뚫어 본 데 있다. 지상과 천체가 하나의

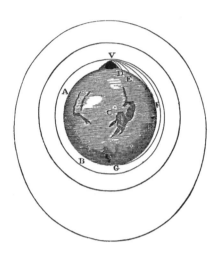

▲ 뉴턴의 산

법칙을 따른다는 사실을.

『프린키피아』에는 기하학적 다이어그램과 숫자로 채워진 도표가 여럿 있는데, 그 사이에 손으로 그린 삽화 하나가 눈길을 끈다. '뉴턴의 산'이라는 이름으로 불리는 이 삽화에 대해 노벨 물리학상 수상자인 프랭크 윌첵은 모든 과학 서적을 통틀어 가장 아름다운 그림이라고 했다.[26]

산꼭대기에서 사과를 수평으로 던지면 포물선을 그리며 아래로 떨어질 것이다. 힘껏 던질수록 더 멀리 떨어진다. '어벤져스'의 토르처럼 더 힘차게 던질 수 있다면 어떻게 될까? 사과는 날아가는 동안 계속 낙하하겠지만 지구가 둥그니까 바닥에 닿지 않고 지구 반

---

26 프랭크 윌첵, 『뷰티플 퀘스천』, 박병철 옮김, 흐름출판, 2018. (그림의 출처: Sir Isaac Newton, *A Treatise of the System of the World*, 1731)

대편에 도달할 수도 있을 것이다. 더욱 세게 던진다면 지구를 한 바퀴 돌아 나의 귀를 스치고는 지구 주위를 계속 돌 것이다(공기의 저항은 무시하자. 물론 상상 속에서만 가능한 것이지만, 과학자들은 이것을 사고실험이라고 부른다). 달처럼 지구 주위를 공전하는 사과. 사과의 낙하와 달의 공전은 같은 현상이었다. 뉴턴은 직관뿐만 아니라 수학적으로도 이 사실을 확인했다. 사과의 공전 궤도를 사과가 진행하면서 조금씩 낙하하는 것으로 이해하고, 이 낙하 가속도를 계산해 보았다. 그랬더니 사과가 나무에서 수직으로 떨어질 때의 중력가속도값 $9.8 \ m/s^2$와 잘 일치했다!

　질량에 대한 이해를 다시 크게 확장한 것은 20세기 천재 물리학자인 아인슈타인(1879~1955)의 특수상대성 이론이었다. 질량은 양성자나 전자처럼 물질을 구성하는 입자들의 개별적 특성이지만, 입자들 사이의 상호작용으로 새로 만들어질 수도, 사라질 수도 있다. 아인슈타인의 유명한 공식($E = mc^2$)이 의미하듯 질량(m)은 곧 그 입자가 가진 에너지이며(c는 물리상수인 광속인데, 이 식에서의 역할은 변환 상수에 가깝다), 에너지와는 동전의 양면과 같은 관계이다. 예를 들어, 원자핵과 같은 입자를 쪼개면 더 작은 구성 입자들과 에너지가 나오는데, 에너지를 질량으로 받아들이지 않으면 마치 질량이 일부 사라지는 것처럼 보이게 된다. 방출된 에너지를 질량(E/c^2)으로 변환하여 나머지 질량과 모두 더하면 비로소 원래 입자의 질량과 같게 된다. 한편, 에너지는 운동에너지를 포함하므로, 입자의 속도가 빨라질수록 질량은 증가한다. 광속(c)에 가까워지면 무한대로 늘어난다. 그러나 여러분이 비행기를 탄다 해도 비행기의 속도는 광속에 비해 엄청나게 느리므로, 상대론적 과체중으로 비행기가 떨어질 염려를 할 필요는 없겠다.

아인슈타인은 특수상대성 이론에서 시간과 공간을 4차원 시공간으로 통합하여 뉴턴의 절대시간, 절대공간 개념을 무너뜨렸다면, 일반상대성 이론에서는 질량과 중력의 관계를 재정립했다. 그에 따르면 멀리 떨어져 있는 두 질량체 사이에 보이지 않는 힘이 작용하는 것이 아니라, 두 질량체의 질량이 주위 시공간을 휘게 한 것이다. 마치 스펀지 위에 올려둔 구슬처럼. 딱딱한 바닥 위에서는 구슬 사이에 아무런 끌림이 없지만, 스펀지 위에서는—구슬이 충분히 무겁다면—서로를 향해 굴러 떨어지게 될 것이다. 주변을 지나는 빛조차도 휘어진 시공간면을 따라가다 보면 구부러져 나가게 된다. 질량이 너무나 크면 휘어들어간 빛이 나올 길을 잃고 그 주변이 모두 까맣게 보이게 된다. 바로 블랙홀이다.

엄청난 비밀을 알려드리겠다. 블랙홀이 아닌 우리도 시공간을 휘게 만들 수 있을까? 물론이다. 질량을 갖고 있는 당신과 당신이 읽고 있는 이 책 사이에는 중력이 작용하여 아주 작은 힘으로 서로 끌리고 있는데, 이는 당신과 책 사이의 시공간이 휘었기 때문이다. 당신이 한 것이다. 아주 작다고 해도 첨단 물리실험실에서 잴 수 있을 정도로는 충분히 크다. 영화 '닥터 스트레인지'에 나오는 베네딕트 컴버배치가 된 것 같지 않은가?

인간의 몸은 대략 10^{27}개[27]의 수많은 원자로 구성되어 있다고 한다. 그 원자들의 질량 총합이 우리의 몸무게이다. 그리고, 원자 질량의 대부분은 원자핵에서 온다. 원자핵 주위를 도는 전자의 질량은 이에 비해 너무나 작다. 원자핵은 양성자와 중성자 입자들이 뭉쳐있는 것인데[28] 그 질량은 양성자들과 중성자들의 질량을 합친 값과 비슷하다. 양성자 한 개의 질량은 약 1.6726×10^{-27} kg이고 중성자는 1.6749×10^{-27} kg이다. 양성자, 중성자 질량의 합이 원자핵의 질량과 정확히 일치하지는 않는데, 그 차이가 핵폭탄이나 핵발전소의 에너지원이다.

이론물리학자들에 의하면 양성자는 더 근본적인 입자인 업-쿼크 두 개와 다운-쿼크 한 개가 강한 핵력으로 묶여 있는 상태이다. 신기한 것은 업-쿼크는 양성자 질량의 천분의 2, 다운-쿼크는 천분의 5의 질량을 가지는데, 세 쿼크를 합쳐 봤자 양성자 질량의 백분의 1밖에 안 된다는 것이다. 나머지 대부분의 질량은 어디에서 온단 말인가? 양성자의 대부분 질량은 쿼크들을 좁은 공간에 묶어두는 강한 상호작용 에너지에서 온다. 업-쿼크 한 개와 다운-쿼크 두 개로 구성된 중성자의 경우도 마찬가지이다. 이것이 바로 우리 몸무게의 기원이다.

---

27 몸무게 70 kg 기준이며(출처: WolframAlpha), 10억 개의 10억 배의 10억 배에 해당하는 큰 수이다.

28 원자핵의 양성자 수에 따라 수소, 산소, 칼슘, 철과 같이 다양한 원소로 나뉜다.

○°
킬로그램을 다시 정합시다

국제킬로그램원기 이야기로 돌아가자. 국제도량형국 국장이었던 테리 퀸Terry Quinn은 1991년 발표한 논문에서 국제킬로그램원기의 불안정성을 제기하며 킬로그램을 새롭게 정의할 필요가 있다고 주장했다. 국제킬로그램원기와 공식 사본들을 비교한 결과를 보니 공식 사본들의 질량이 백 년에 걸쳐 조금씩 증가하고 있었던 것이다. 국제킬로그램원기가 킬로그램의 절대 기준이긴 하지만, 오히려 이 인공물의 질량이 조금씩 감소했다고 보는 것이 합리적이었다. 세 번째 국가원기 점검(1988~1992) 이후에는 오히려 연 1 μg씩 증가했는데, 그 원인을 추측할 뿐 결론을 내리지 못하고 있었다. 1 μg은 원기 질량의 10억분의 1 정도에 불과하지만, 중요한 것은 세계 킬로그램의 기준이 통제를 벗어나 변하고 있다는 사실이었다.

그리고 이런 일이 벌어질 수도 있다. 어느 해 국제도량형위원회 위원들이 모두 모인 엄숙한 자리에서 국제도량형국 국장이 자랑스러운 웃음을 띠고 있다. 전속 사진사가 카메라 셔터에 손가락을 올려놓고 있고, 국장은 우아한 제스처로 지하 금고문을 열어젖힌다. 그런데 금고가 텅 비어 있는 것이다. 기자들은 '킬로그램의 기준이 하루아침에 사라지다'라는 제목의 기사를 재빠르게 전 세계에 내보낼 것이고, 측정학계를 포함한 전 과학기술계가 충격에 빠질 것이다. 캐리비안의 해적과 같은 도둑이 파리에 진출하지 말란 법이 있

을까? 실제로 아르헨티나는 1980년대에 국가원기를 잃어버리기도
했다.

이러한 문제는 킬로그램이 7개의 기본단위 중 유일하게 인공물
을 이용해 정의되는 단위이기 때문에 생긴, 혹은 생길 수 있는 일이
었다. 단 하나뿐인 인공물의 오염이나 손상, 또는 분실은 국제적인
질량 기준을 유지하는 데 위협 요소가 되었다. 변하지 않는 빛의 속
력에서 미터의 기준을 찾았듯이, 측정학자들은 킬로그램에서도 불
변의 기준을 찾고자 했다. 답은 역시 물리상수였다.

2011년과 2014년에 열린 국제도량형총회에서는 킬로그램을 다
시 정의하기 위한 과학적 방법들과 상황을 검토했다. 그 결과, 킬로
그램을 플랑크 상수와 연결하는 키블저울 방식과 아보가드로 상수
와 연결하는 아보가드로 프로젝트가 유력하다는 데 의견이 모아졌
다. 아보가드로 상수에 대해서는 이 책의 마지막 장에서 다루고 있
으므로, 여기서는 키블저울에 대해 알아보자.

키블저울은 1975년 영국 국가표준기관의 측정학자 키블
(1938~2016)이 제안한 방식으로 원래는 양성자의 자기적 성질을
측정하기 위해 고안된 실험이었다. 양팔 저울의 한쪽에 킬로그램원
기를 올리고, 반대편에는 유도코일을 매달아 강한 자기장 속에서
자기력을 발생시킨다. 역학적 무게와 자기력이 균형을 이루도록 만
들면, 킬로그램원기의 질량에 비례해서 유도코일에 전류가 흐르고,
이 전룟값과 유도코일의 길이 및 자기장의 세기로부터 질량을 계산
할 수 있다. 자기장 속에서 유도코일을 일정한 속도로 움직이는 추

가 실험을 수행하면, 질량은 유도코일의 전류와 전압의 곱만으로 더욱 간략하게 표현된다. 이때 전류와 전압, 또는 저항과 전압은 플랑크 상수가 포함되는 양자전기 현상을 이용하여 아주 정확히 측정할 수 있다. 이렇게 킬로그램은 비로소 양자물리학에서 가장 중요한 플랑크 상수와 연결된다.

킬로그램과 플랑크 상수의 연관성은 기본 입자 수준에서도 알 수 있다. 양전자는 전자의 반입자, 즉 전하만 반대이고 질량이 같은, 전자의 쌍둥이이다. 전자와 양전자가 만나면 그 둘은 사라지고 대신 질량이 없는 두 개의 빛 알갱이 ─ 또는 광자 ─ 가 나온다. 에너지가 보존되어야 하므로 사라진 전자와 양전자의 질량에너지($E = mc^2$)는 새로 생긴 두 빛 알갱이(광자)의 에너지와 같은데, 각 광자의 에너지가 바로 플랑크 상수(h)와 빛의 진동주파수(f)를 곱한 $E = hf$ 인 것이다. 질량과 플랑크 상수는 떼려야 뗄 수 없다.

다음은 2019년 5월 20일에 발효된 새로운 킬로그램의 정의이다. 기존 국제킬로그램원기의 질량을 1 kg으로 두고 키블저울과 아보가드로 방식을 이용해 최고의 정확도로 플랑크 상수 h의 값을 측정했다. 그리고 이 값을 박제하듯 영원히 고정했다. 어떤 물리상수가 측정값일 때는 오차를 가지지만, 빛의 속력처럼 고정값이 되면 유효숫자가 무한대가 되고 오차가 없다. 더 이상 측정을 통해 플랑크 상수 h의 값이 달라질 일이 없다는 뜻이다. 그러므로 킬로그램의 정의는 앞으로 바뀌지 않을 것이다.

【 질량의 국제단위계(SI) 단위 킬로그램의 정의 】

• 킬로그램(기호: kg)은 질량의 SI 단위이다. 킬로그램은 플랑크 상수 h 를 J s 단위로 나타낼 때 그 수치를 6.626 070 15 × 10^{-34}으로 고정함으로써 정의된다. 여기서 J s는 kg m^2 s^{-1}과 같고, 미터(기호: m)와 초(기호: s)는 c와 Δv_{cs}를 통하여 정의된다.

이제는 누구나 플랑크 상수로부터 1 kg을 만들어낼 수 있다. 지구 어디에서나, 그리고 화성 식민지를 세우게 되더라도. 국제킬로그램원기를 도둑맞더라도 대재난은 발생하지 않는다. 질량 단위의 절대 기준이었던 국제킬로그램원기는 그렇게 왕좌에서 내려오게 되었다.

'누구나'라고 했지만 사실 '플랑크 상수로부터 킬로그램을 실현하는 최고 수준의 기술을 갖춘' 특별한 누구나이다. 세계적으로 이러한 기술을 보유한 표준기관은 열 개가 안 된다. 40년 가까이 키블저울을 개발해 온 미국 NIST를 비롯하여 오랜 개발 역사를 가진 표준기관들 사이에 한국표준과학연구원(연구원들끼리는 표준연이라고 줄여 부른다)이 있다. 이 에이스들이 킬로그램 실현 수준을 비교하는 첫 국제 비교가 2019년에서 2020년에 걸쳐 진행되었다. 참가하기 위해서는 측정정확도 수준을 연구논문으로 증명해야 했다. 국제 비교라는 시험을 치르기 위한 조건인 불확도 커트라인(200 μg 이하)을 통과한 표준기관은 전 세계에서 단 일곱 개였다. 개발을 시

작한 지 8년밖에 안 된 표준연도 그중 하나이다. 이 국제 비교 결과
는 앞으로 1 kg의 크기를 미세보정하는 데 쓰인다. 전 세계인이 사
용하는 킬로그램의 크기를 더 정확하게 만드는 데에 한국이 기여하
고 있다는 의미이다.

여기 다 담을 수 없지만 다른 나라보다 몇십 년 늦게 출발한 상황
에서 그 개발 여정—수십억 원이 투입된 8년간의—에는 피 말리는
순간이 많았을 것이고, 키블저울 개발팀 팀원들이 느꼈을 압박감은
감히 상상하기 어렵다. 프랑스혁명의 혼란 속에서 갖은 고초를 겪으
면서도 지구의 사분자오선 측정을 멈추지 않았던 들랑브르와 메생
이라면 이해할지도 모르겠다. 그래서일까. 개발 팀장이었던 이 박
사님의 손에는 오래도록 『만물의 척도』가 들려 있었다. 마치 『성경』
처럼.

○°
존재만으로 소중한

질량. 체중계를 오르내리는 우리에게 무척 친숙하면서도 그 근원
은 우주의 비밀을 담고 있다. 공간을 휘게 하고 시간을 늦추게도 하
는 신비한 물리량이다. 그 단위인 킬로그램은 130년 만에 백금-이
리듐 원기둥의 봉인에서 풀려나 불변의 물리상수인 플랑크 상수와
연결되었다.

아인슈타인은 "You are living, you occupy space, you have a

mass. You matter."라고 했다. 당신은 생명체이면서, 시간과 하나로 묶인 경이로운 공간에 존재하며, 신비한 물리량인 질량을 갖고 있다. 그래서 당신이 소중하다, 는 뜻이리라. 격렬하게 공감한다. 질량을 품은 여러분은, 이미 신비롭고 소중한 존재이다.

들어가도 되는지는
온도계에 물어보세요

이승미

2021년 9월 13일 월요일 아침이다. 희끄무레 밝아지는 창문이 나를 깨웠다. 나는 몽롱한 정신으로 침대에 누운 채, 왼쪽 머리맡에 두었던 휴대전화를 집어들고, 눈 비벼 가며 시간을 확인한다. 안타깝게도 기상 시간이 맞다. 한숨 한 번 쉬고 나서는 더듬더듬 오른쪽 머리맡의 체온계를 찾는다. 끝 부분을 귀 안쪽에 넣고 몇 초 기다린 후 '삐' 소리를 듣고 나서 빼내어 숫자를 확인한다. 36.4. 이로써 출근 확정이다. 하품 한 번 하고, 휴대전화에서 날씨를 확인한다. 맑음. 예상 최고 기온 29 도, 최저 기온 19 도. "일교차 10 도라니, 대체 옷을 어떻게 입으라는 거야? 가을이야, 여름이야?" 누구에게 하는 푸념인지 혼잣말이 나온다. 이부자리에서 등 떼기가 싫어 누운 채 기지개를 한껏 켜 본다. 더 이상은 누워 있을 명분도, 시간도 없다. 아침 운동은 다 했다며 뿌듯한 마음으로 드디어 잠자리에서 일어선다. 코로나19가 아직 종식되기 전의 가을날, 어느 평범한 직장인의 아침 모습이다.

0°
온도의 발명,
개별적 감각이 객관적 단위로

정상 체온은 36.5 도이고, 체온이 37.5 도 이상이면 코로나19 감염자일 가능성이 있기에 요즘엔 어느 건물이든 입장 금지다. 그런데 내 몸 안에 대체 무엇이 36개 하고도 반이 있다는 걸까? 당연하게만 여기던 것을 다시 생각하는 순간, 문득 그 근거를 도통 모른다는 사실을 새삼 깨달을 때가 있다. 우리는 온도계에 나오는 숫자를 당연하게 받아들이고 있지만, 뜨겁고 차갑다는 직접적인 감각이 하나의 개념으로 통합되고 깔끔한 하나의 숫자로 표현되기까지, 게다가 만국 공통으로 인정받기까지는 정말로 긴 시간이 필요했다.

고대 그리스 시대 철학자들은 뜨거움과 차가움에는 각기 다른 원인 물질이 있다고 생각했다. 근대 과학이 본격적으로 시작되던 18세기에도 온도를 측정하는 방식조차 정해진 게 없었다. 연구자마다 각자 나름의 기구를 만들어 측정하고 기록했으니 말이다. 그러니까, 누구누구표 온도계로 재면 몇 도, 이런 식이라, 다른 기구를 쓰는 사람과는 연구 결과를 공유하기 어려웠다. 온도 재기는 순수 학문의 영역도 아니었다. 과학이라기보다는 우리 생활에 더 밀접하게 연관되어 있었다. 영국의 유명 도자기 가문 웨지우드가에서는 온도에 따른 점토의 수축 정도 기록을 기준 삼은 가문 특유의 온도계를 보유했기에, 균일한 품질의 고급 도자기를 여왕에게 납품할 수 있었다. 어디 산업뿐이던가. 하다못해 일반 가정에서도 아이가 아픈지 아닌지 이마에 손부터 얹지 않는가. 온도 재기는 그때나 지금이나 우리 생활의 일부다.

하지만 뜨겁고 차가운 정도를 판단하는 공통의 합의가 없었고, 수치화하는 방법도 제각각이었으며, 또한 저온에서 고온까지를 통합해서 잴 수 있는 도구는 더욱이 없었다. 이를테면 웨지우드가의 점토 온도계는 오직 도자기 굽는 고온에서만 적용 가능했지, 아이가 열이 나는지를 판단하는 데에는 사용할 수 없었다. 오늘날 우리는 평균 체온에서 1도만 높아도 바이러스 감염 위험이 있는 사람으로 분류해서 어디든 입장을 불허하지만, 당시에는 열이 나는지 안 나는지는 각자의 주관적 판단에 가까웠다. 이러한 불편을 해소하기 위해서라도 공통의 기준점이 점점 필요해졌다. 어느 정도의 열을 기준으로 삼을지 출발점부터 공유해야 수치화와 계량화라는 다음 단계를 밟을 수 있지 않겠는가. 기준점 잡기는 온도에 관심 있는 학자들의 공통 관심사였다.

프랑스의 기욤 아몽통(1663~1705)은 온도와 기압의 변화를 관측해서 기압이 0일 때는 열이 없으리라 유추하고 이를 0도로 기준 삼은 아몽통 온도를 만들었다. 아몽통 외에도 무엇을 온도계의 고정점으로 삼을 것이며, 몇 개의 고정점이 필요한가에 관해 논의하느라 많은 학자들이 오랜 시간을 들였다. 얼마나 오랫동안일까? 놀라지 마시라. 무려 150년[1]이다. 그동안 최고의 여름 더위라든지, 버터가 녹는 점 같은, 지금의 우리가 보기에는 코미디 같은 기준점이 진지하게 제시되고 사용되었다. 천재 과학자 아이작 뉴턴도 '건강한 사람의 혈액 온도'를 기준점으로 삼자고 했을 정도다. 1771년 출판된 『브리태니커 백과사전』에는 물의 어는점과 밀랍의 녹는점이 두 개의 고정점으로 기록돼 있다.

제작 판매하는 온도계마다 편차가 거의 없기로 유명했던 다니엘 파렌하이트(1686~1736)는 세 개의 고정점을 사용했다. 미국에서 쓰는 온도 단위인 화씨도(기호: °F)는 그의 이름에서 따왔다. 그는 얼음, 물, 염화암모늄 혼합물이 평형을 이뤘을 때를 0 도, 물의 어는점을 32 도, 사람의 체온을 96 도라고 설정했다. 체온이 고정점이라니 고개가 갸우뚱해지지만, 더 재미있는 점은 그가 첫 번째 고정점에 활용한 혼합물의 혼합 비율은 '며느리도 모르는' 일급 기밀이었다는 점이다. 그 덕분에 당시 그는 온도계로 재산과 유명세를 얻기도 했다. 모 탄산음료의 원료 혼합 비율을 아는 사람은 세상에 단 둘뿐이라서 그들은 결코 같은 비행기는 못 탄다더라, 하는 '~카더라 통신'이 떠오르는 건 왜일까?

스웨덴의 안데르스 셀시우스(1701~1744)는 1742년에 처음으로 국제표준 온도 단위를 제안했다. 물의 어는점과 끓는점을 두 개의

---

1 아몽통 온도(1702~1703년으로 추정)로부터 켈빈의 절대온도(1848년)까지의 대략적인 햇수다. 열역학 온도는 1948년 개최된 제9차 국제도량형총회에서 국제단위계에 포함되었다.

고정점으로 하고, 그 사이를 100개로 등분해서 쓰자는 것이다. 이 제야 우리에게 좀 익숙한 이야기가 나온 것이다. 오늘날 우리가 일상에서 쓰는 온도 단위 섭씨도(기호: °C)에는 그의 이름이 남아 있다. 비록 그의 제안은 어는점이 100 도, 끓는점이 0 도였지만,[2] 그게 뭐 대수인가. 당시에는 심지어 취향에 따라 골라 쓰시라는 배려로, 어는점이 0 도인 눈금과 끓는점이 0 도인 눈금이 함께 병기된 온도 계도 있었다는데 말이다.

역사를 살펴보면 '물의 어는점 0 °C'라는 것은 처음에는 자연법칙이 아니라 단지 사람들의 합의로 정해졌을 뿐이다. 도덕이니 규범이니 하는 것들이 그러하듯, 결국 우리 지식의 토대도 인간들 사이의 신뢰와 믿음일 따름이다. 단지 권력 있는 자들이 정하는 대로 따르는 것이냐, 아니면 사실을 근거로 한 반증 가능성이 있느냐의 차이만 있을 뿐이다. 과학철학자 칼 포퍼는 반증 가능성을 과학과 비과학을 나누는 기준으로 삼기도 했다.

온도계의 고정점을 정하기까지도 어려웠지만, 고정점을 실현하기도 만만한 작업이 아니었다. 예를 들어서 라면이든 커피든 만들어 먹자면 일단 물부터 끓여야 한다. '물은 100 °C에서 끓는다'는 오늘날 유치원생도 아는 상식이고, '산꼭대기처럼 고도가 높은 곳에서는 기압이 낮기 때문에 물의 끓는점이 내려가므로 밥이나 라면

---

2 https://www.lindahall.org/anders-celsius/

이 설익게 된다'는 초등학생쯤 되면 다 아는 상식이다. 그런데, 혹시 재본 적이 있으신가? 물이 정말 100 ℃에서 끓는지?

나도 라면을 자주 끓이지만 끓는 물의 온도를 꼼꼼히 재본 적은 없다. 그저 냄비에 물 넣고 가스 불 켰다가, 대충 뽀글뽀글 소리도 나고 수증기가 나는 것 같으면 일단 라면을 투척한 다음에 뚜껑 닫고 3분을 기다릴 뿐이다. 끓는 물이 정확히 몇 도이며 냄비 안의 온도 분포가 어떤지는 솔직히 관심이 없다. 끓는 물의 온도가 어떻든 라면만 맛있으면 그만 아닌가. 게다가 라면 맛은 물 온도보다도 끓이는 시간에 더 좌우된다는 것이 내 나름의 경험 법칙이다. 물론 귀납법으로 만들어진 경험 법칙은 단 하나의 반증 사례만 발견되어도 틀렸다고 판명된다. 그런데도 왜 자꾸 만드는지. 어쩌겠는가, 철학자 데이비드 흄이 말했듯이 귀납 법칙을 만드는 건 인간이라는 종의 버릴 수 없는 습성인 것을.

18세기 과학자들에게는 여러 조건에서의 물 끓는점 재기가 인기 연구 주제였다. 셀시우스도 기압에 따라 물 끓는점이 얼마나 달라지는지를 발표한 바 있다. 게다가 물은 끓이는 용기에 따라서도 끓는점이 다르다. '물은 100 ℃에서 끓는다'는 우리 '상식'은 만고불변의 진리가 아니다. 그러니 만일 고만고만한 고도에 사는 유럽 내에서만이 아니라 히말라야 꼭대기에 연구실을 차린 과학자와도 끓는점에 관해 논의해야 했다면, 온도계의 고정점에 관한 합의는 훨씬 더 오랜 시간이 걸렸을지도 모를 일이다.

21세기에도 18세기 실험을 복기해 가며 꼼꼼히 물의 끓는점을 측정한 과학자가 있었다. 명저 『온도계의 철학』을 쓴 장하석 케임브리지대학교 석좌교수다. 그의 실험에 따르면, 물은 양은 냄비에서는 약 95 ℃, 파이렉스에서는 101 ℃, 분말 가루를 추가하면 100 ℃보다 좀 더 낮은 온도에서 끓는다. 게다가 '끓기 시작'하는 것과 '맹렬히 끓는' 것, '완전히 끓는 것'이 다 다르고, 물의 성분에 따라서도 또 다르고, 온도계를 어디까지 담갔는지에 따라 측정값이 다를 수 있다. 이 모든 사소해 보이는 문제들이 모두 한 가지씩 합의하고 해결해야 할 논란거리였다.

고정점이 합의된다고 마무리되는 것이 아니었다. 우리가 인생에서 자주 겪듯, 좋은 방안과 이를 수행하기 위한 실질적 해결책과는 상당한 거리가 있다. 생쥐들이 모여 고양이 목에 방울을 달면 좋겠다는 합의에 이르기까지는 쉽지만, 정작 어떤 쥐가 어떻게 고양이 목에 방울을 걸어야 하는지는 또 다른 이야기가 아니던가? 온도도 마찬가지였다. 무엇을 어떻게 활용해야 온도, 즉 뜨겁고 차가운 정도를 눈에 보이는 숫자로 표현할 수 있을 것인가?

물 두 양동이 중에 뭐가 더 따뜻한지는 손만 살짝 담갔다 빼도 말할 수 있다. 정밀 측정도, 온도라는 숫자도 필요 없이, 우리 감각기관 수준에서 해결 가능한 쉬운 문제다. 하지만 세 바가지만 되어도 단순히 손만 담가서는 알 수가 없어진다. 예를 들어, 두 손을 각각 0 ℃, 45 ℃ 물에 10 분간 담갔다가 빼내어 세 번째 양동이인 30 ℃짜리 물에 담갔다 치자. 손이 말을 할 수 있다면 한 손은 "꽤 따뜻한데.", 다른 손은 "시원하네."라고 할 것이다. 한 사람의 양손도 이렇게 서로 다른 판단을 내리니, 우리의 감각을 어찌 믿을 수 있을까. 이러니 수치화가 필요해진다. 곧 소개할 과학자 켈빈 경은 수치화에 관해 이런 말을 남겼다. "측정해서 숫자로 표시할 수 없다면 우리의 지식은 변변치 못한 것이다."

그렇다면 온도 측정기, 즉 온도계를 무엇으로 어떤 구조로 만들 것인가? 온도계 내의 물질을 기체로 할지, 액체로 할지, 또 액체를 쓴다면 어떤 액체로 할지 등등 현실적인 구현 문제는 여전히 남아 있다. 근대 과학자들은 여러 가능성을 시험해 가며 열렬히 온도를 측정해 갔다.

한 가지 재미있는 점은, 온도라는 것을 열심히 재면서도 그것이 정확히 무엇인지는 그때는 아무도 몰랐다는 것이다. 뜨거운 물체는 왜 뜨거운 걸까? 뜨겁다는 성질을 가진 특정한 물질이 들어 있는 걸까, 아니면 물체를 구성하는 요소의 행태의 산물일까? 온도의 근원이 무엇인지에 관해서는 고정점을 정하는 것보다 더 오랫동안 논란이 이어졌다. 애초에 뜨거운 것과 차가운 것에는 각각 다른 원인 물질이 있다는 고대 그리스 시대 아리스토텔레스의 주장 때문일지도 모르겠다.

대체 뜨거운 열의 원인이 과연 무엇인가 하는 문제는 20세기 초까지 과학계를 들썩이게 했고, 그 와중에 열역학이라는 학문이 싹트기 시작했다. 현재 온도라는 개념이 어떻게 정의되어 있는지 이해하려면 절대온도와 볼츠만 상수를 반드시 이야기해야 한다. 이때 빼놓을 수 없이 중요한 두 과학자, 켈빈 경과 볼츠만의 인생 사연부터 잠시 들여다보자.

오늘날 온도의 정의는 열역학적 온도로서 국제단위계에 포함되어 있고, 단위는 켈빈(기호: K)이다. 열역학적 온도가 무엇인지는 잠시 후에 자세히 살펴보기로 하고 단위부터 살펴보자면, 이번에도 역시나 과학자 이름을 딴 단위다. 그렇다면 켈빈Kelvin은 누구일까? 훗날 제1대 켈빈 남작이 되는 윌리엄 톰슨은 1824년 아일랜드에서 태어났다. 흔한(!) 19세기 천재인 그는 10세 때 스코틀랜드에 있는 글래스고대학 입학, 17세에 첫 논문을 출판, 22세에 글래스고대학 물리학과 교수가 되고, 24세에는 곧 살펴볼 '절대온도'라는 개념을 제안했다. 내가 24세 때는 절대온도 개념을 열역학 교과서에서 배우고 있었으니, 요즘 말로 '벽 느낀다.'

42세 때는 학문적 업적을 인정받아 켈빈 경으로 남작 작위를 받는다. 세습 작위였지만 후대나 친인척이 없어서 그가 제1대이자 유일한 켈빈 경이 됐다. 켈빈은 그가 다니던 글래스고대학에 흐르던 강 이름이라 한다.

그가 새롭게 제안한 절대온도 개념은 물리학적으로 열이 전무한 상태를 기준점으로 설정하고, 온도의 1도 간격은 물체의 온도와 무관하게, 또한 그 크기는 같은 양의 기계적 일과 관련지어서 새로 정의하자는 것이다. 그러자면 기계적 일을 정확히 측정할 수 있어야 했는데, 이에 관한 관심은 세 페이지 뒤에 설명되는 제임스 줄과의 공동연구로 이어지게 된다.

또한 켈빈은 수량화 신봉자였다. "우리가 논의하는 내용을 측정해서 숫자로 표시할 수 있다면 뭔가를 이룬 것이다. (중략) 측정하지 못하고 논한다면 지식의 시작은 될지언정 과학적이 되려면 아직 한참 멀었다."[3] 한 줄 요약하면 이거 아닐까? "측정과학 만세!" 국가 측정표준기관인 한국표준과학연구원 입사 면접에서라면 만점짜리, 아니 백만점짜리 문장인데 말이다.

○°
뜨겁거나 차가운 이유가 대체 무엇일까?

18세기는 근대 과학의 태동기라서 관찰되는 현상을 설명하는 여러 이론이 난립하곤 했다. 물체가 불에 타는 과정을 플로지스톤이라는 가상의 물질이 빠져나가는 과정이라 설명하기도 했고, 혹은 산소라는 기체와 결합하는 과정이라고 설명하기도 했다. 둘 다 그럴듯하게 들렸다. 이처럼 학자들이 설왕설래하는 이론의 미결정 상태는 대개 반증 실험이 성공하여 여러 이론 중에 한 가지로 결정될 때까지 지속된다.

연소 현상 원인 설명에서는 화학 혁명의 아버지라 불리는 앙투안 라부아지에(1743~1794)의 산소 결합설이 승리했다.[4] 하지만 동

---

3 https://www.oxfordreference.com/view/10.1093/acref/9780191826719.001.
   0001/q-oro-ed4-00006236
4 산소의 발견자는 조지프 프리스틀리(1733~1804)이다. 만물 철학자였던 프리스틀

시에 그는 어바인과 라플라스가 말했던 열소 이론caloric theory을 더 세분화해서 제안했다. '열소'란 무게가 없고 보이지도 않으며 생성되거나 사라지지도 않는 가상의 유체다. 왠지 좀 '영혼'스럽지 않은가? 그는 열의 근원은 열소라는 특정 물질이고, 열소가 뜨거운 쪽에서 차가운 쪽으로 흐르는 것이 바로 열 전달이라고 주장했다. 라부아지에의 명성 덕분에 열소 이론은 당시 과학계의 주류가 됐다.

비주류 이론은 1738년 스위스 물리학자 다니엘 베르누이(1700~1782)가 기체의 압력을 설명하느라 주장한 기체 분자 운동론에서 시작되었다. 거시적으로 측정 가능한 기체 압력의 원인이 기체를 구성하는 수많은 분자들의 미시적 운동의 결과라는 이론이었다. 앞으로 이 글에서도 좀 더 살펴보겠지만, 이 이론이 열소 이론을 이기게 되기까지는 줄, 켈빈, 볼츠만 등 후대 과학자들의 노력이 더해져야 했다.

원리를 몰라도 일단 활용은 할 수 있는 법. 서른여섯에 아깝게 요절한 프랑스의 미남 물리학자 사디 카르노(1796~1832)는 1824년 발표한 논문에서 동력은 열이 뜨거운 것에서 차가운 것으로 이동할 때 생기는데, 그 양은 온도에 유관함을 보여주었다. 열소 이론에 근거한 해석이었다.

리는 1774년에 실험을 통해 촛불도 잘 타게 하면서 숨쉬기에도 기분 좋은 공기를 발견했고, 이를 '탈 플로지스톤 공기'라 이름 붙였다. 훗날 라부아지에가 '산소'라 부른 기체였다. 과학철학자 장하석 교수의 말처럼, 어쩌면 발견자와 명명자 모두 각자의 무덤 속에서 불만에 가득 차 있을지도 모르겠다. "내가 언제 산소라고 불렀다는 거야?"(프리스틀리) 또는 "산소는 내 건데."(라부아지에) 하면서.

한편 3대째 양조업을 이어 가던 영국의 제임스 줄은 집에서 열의 일당량을 정밀 측정하는 실험을 지속했다. 그는 1845년 출판한 논문에서, 기계를 돌릴 때 도체에서 열이 발생하고, 거꾸로 화학 반응에서 생긴 열로 기계 동력을 얻을 수도 있다고 표현했다. 이는 열소 이론에 정면으로 맞서는 도전적인 문구였다. 학계 주류 과학자인 라부아지에 가라사대, 열은 열소에서 나오며 새로 생성되지도, 사라지지도 않는다고 하셨는데, 어디 감히!

줄은 실험 결과를 영국 과학아카데미인 왕립학회의 학술지에 투고했지만 거절당했고, 줄의 글은 결국 문턱이 매우 낮은 학술지에 발표됐다. 오늘날 우리가 중학교 교과서에서 배우는 줄의 유명한 실험[5]은 1847년 켈빈이 관심을 보이면서 비로소 널리 알려졌다. 줄과 켈빈은 그 후로 몇 년 동안 성공적인 공동 연구를 진행한다.

마침내 1851년 켈빈은 '열이란 무엇인가?'에 관해 비로소 답할 수 있었다. "열은 물질이 아니라 역학적 효과의 동역학적 형태다."라고 말이다. 열은 열소가 아니라 많은 수의 분자 운동의 결과라는 뜻이다. 오늘날 우리가 열역학 교과서에서 배우는 내용이며, 열역학적 온도 개념의 탄생이다.

그렇다면 열이 전혀 없다는 건 어떤 걸까? 켈빈의 정의를 따르면, 물질을 구성하는 원자와 분자의 운동이 전혀 없는 상태, 더 이

---

5 물체가 떨어지면서 발생한 열로 단열된 물통 안의 온도가 올라가는지를 측정한 실험으로서, 줄이 고안한 실험장치를 활용하여 일이 열로 전환될 수 있는지, 열과 일의 전환 비율인 열의 일당량은 얼마인지를 측정한 역사적인 실험이다.

상 낮은 온도라는 건 있을 수 없는 상태일 것이다. 이때를 0 도로 삼고 1 도 간의 간격은 섭씨도와 같은, 새로운 온도 개념이 절대온도다.[6] 절대온도의 단위는 앞서 말했듯 제안자의 이름을 딴 켈빈이다. 모름지기 과학자의 이름이란 이렇게 남기는 법!

켈빈의 최초 제안 이후에 더욱 정밀한 측정을 통해 0 K, 즉 절대영도는 -273.15 °C인 것으로 밝혀졌다. 절대온도의 눈금 간격은 섭씨도와 같게 규정했기에 두 단위 간에 환산도 쉽다. 따라서 섭씨도를 켈빈으로 바꾸려면, 섭씨 단위를 떼고 273.15를 더한 후 켈빈 단위를 붙이면 되므로 100 °C는 373.15 K, 0 °C는 273.15 K과 같다.

온도를 재는 섭씨도가 이미 있는데 왜 굳이 켈빈이라는 새 단위가 필요한가? 그것은 마치 아파트 넓이를 따질 때 기존에 평이라는 단위를 잘 쓰고 있었는데 왜 굳이 제곱미터 단위로 표시해야 하는가와 마찬가지 질문이다. 앞서 살펴보았듯, 절대온도 켈빈은 원자와 분자가 아무런 운동이 없는 상태를 0 K으로 기준 삼은 과학적 온도, 열역학적 관점에서 열의 원인을 봐야만 정의되는 온도이다. 과학기술 분야 학술 논문에서는 온도를 켈빈 단위로 표시한다. 물론 생활에 익숙한 단위를 바꾸기는 쉽지 않기 때문에, 우리나라와 유럽은 일상에서 셀시우스가 제안한 섭씨도를, 미국은 파렌하이트

─────

6 1954년 제10차 국제도량형총회 결의사항 3에서, 물의 삼중점(고체, 액체, 기체의 세 상태가 공존하는 온도)을 기본 고정점으로 삼고 이 온도를 273.16 K으로 정한다. 이 정의는 2019년에 다시 바뀌게 되는데, 상세 내용은 이 장 마지막의 상자 글에 설명되어 있다. 켈빈과 섭씨도는 1989년 국제도량형위원회 권고사항 5에서 채택한 국제온도눈금ITS-90의 단위이기도 하다.

가 고안한 화씨도를 여전히 사용하고 있다.

○° 볼츠만 상수를 탄생시킨 볼츠만의 생애

과학자의 명예와 명성은 어디에 새겨질까? 무덤가 비석보다는 아마 방정식, 원소 기호, 단위, 상수가 아닐까? 온도를 이야기할 때 결코 빼놓을 수 없는 상수는 볼츠만 상수다. 그 수치가 얼마인지보다는 일단 과학자 볼츠만은 어떤 사람이었는지 잠시 살펴보자.

루트비히 볼츠만은 오스트리아 제국의 수도 빈에서 1844년에 태어났다. 세무 공무원 아버지와 시계공 어머니로부터 초등교육을 받고, 19세에 빈대학에 입학해서 물리학을 공부한다. 23세 때 기체 운동론에 관한 연구로 박사학위를 받은 후, 요제프 슈테판의 조수로 2년간 일한다. 그 후 빈, 그라츠, 뮌헨의 대학교수로 지내며 통계물리학의 기본 개념을 세웠다. 50세에는 이론물리학 교수가 되어 빈대학으로 돌아왔다.

빈대학 철학 및 과학사 교수 에른스트 마흐와 매우 사이가 좋지 않아서 잠시 라이프치히로 이직하기도 했다. 볼츠만의 제자 중에는 아레니우스, 네른스트, 에렌페스트, 마이트너가 있다. 물리학 교과서에서 누구라도 보았을 인물들이다.

볼츠만은 양자역학의 탄생을 이끈 중요 인물이기도 하다. '광도'를 다루는 장에서 언급될 흑체복사 현상에서도 볼츠만은 다시 등장한다. 단위표면적에서 방출되는 모든 파장의 빛 에너지의 총합이 흑체의 절대온도 4제곱에 비례한다는 슈테판–볼츠만의 법칙에서 나온 볼츠만이 바로 이 사람이니까. 어찌 보면 볼츠만 덕분에 요즘 우리가 비접촉식 온도계를 쓸 수 있는 셈이다.

한편 볼츠만은 물리학뿐 아니라 자연철학도 가르쳤는데, 강의실에 자리가 모자랄 정도로 인기가 많았고, 황제도 그를 궁전으로 초대하기도 했다. 20세기 가장 위대한 언어철학자라고 일컬어지는 비트겐슈타인도 볼츠만의 수업을 들으려 했지만, 뒤에서 언급할 비극적인 상황 때문에 그럴 수 없었다. 아무튼 각 학계의 전설적 인물들이 우글거리며 살았던 도시라니, 대체 당시의 빈은 어떤 곳이었단 말인가.

이력만 보면 화려하고 멋진 과학자 인생을 살았을 것 같지만, 인간 볼츠만은 행복했던 시절이 그다지 많지 않아 보인다. 말년까지도 그랬다. 원자의 존재를 기반으로 볼츠만은 통계물리학까지 창시했지만, 평생 물리학계에서는 널리 인정받지 못했기 때문이다. 당시 주류 물리학자들은 눈으로 볼 수도, 경험적으로 증명할 수도 없는 원자가 실존한다고 믿지를 않았다. 볼츠만은 다른 과학자들을 설득하기 위해서 말년에는 철학에 빠져들었다. 오죽 답답했으면 그랬을까 싶다.

마흐를 비롯한 당대의 주류 물리학자들은 물질의 모든 운동은 궁극적으로 전자기적 운동이고, 그렇기에 원자나 분자의 실재를 가정할 필요가 전혀 없다고 생각했다. 초등학생 때부터 원자 모형을 배우는 오늘날의 우리로서는 상상하기 어렵지만 말이다. 곰곰이 따져보면 '나'를 이루는 대부분은 내가 속한 사회와 문화로부터 스며들어 왔다. 사고 체계도, 윤리 도덕도, 지식이나 상식도, 강렬히 저항하지 않는 한 나는 사회의 배경색을 따르기 마련이다. 배경색과 다른 색깔로 산다는 것은 참으로 힘든 일이다. 볼츠만이 그러했듯이.

1904년 국제물리학회의 때 볼츠만은 물리학 분과가 아닌 응용 수학 분과로 배정되는 수모를 겪었다. 학회에서 그는 원자론을 부정하는 물리학자들은 과거의 잘못된 생각에 매몰되어 헤어나지 못하고 있는 것이라며 울분을 토했다. 구구절절 옳은 말이었건만, 안타깝게도 당시에는 동의하는 물리학자가 거의 없었다. 결국 그는 1906년 여름 휴가차 방문한 두이노에서 수영하며 여가를 보내는 부인과 딸을 남겨둔 채 숙소에서 홀로 목을 매고 말았다(두이노는 릴케의 『두이노의 비가』가 시작된 장소이기도 하다).

○°
볼츠만과 과학혁명

가엾은 볼츠만. 그가 뭘 잘못했단 말인가? 세상 만물이 원자와 분자로 이뤄졌다는 건 오늘날 우리에게는 상식이다. 그러니 굳이 그의 잘못을 찾자면 시대를 앞서 태어났다는 점, 그리고 하필 물리학을 선택했다는 점이리라. 반 발자국 앞서가면 당대에서 칭송받지만, 너무 앞서가면 사후에나 유명해지는 법이 아니던가.

볼츠만 사망 1년 후, 아인슈타인은 꽃가루 입자가 물 위에서 불규칙하게 움직이는 브라운 운동[7]을 해석하기 위해 원자의 실재와 통계적 요동을 도입했다. 다시 1년이 지난 후, 프랑스의 장 바티스트 페랭은 아인슈타인의 이론을 입증하는 브라운 운동 실험을 설계하고 수행했다. 페랭의 실험은 그때까지는 이론과 가설에 불과하던 아보가드로 수와 볼츠만 상수를 확인해 주었고, 비로소 물리학계를 포함한 전 세계가 원자와 분자의 실재를 믿게 되었다. 페랭은 이 업적으로 1926년 노벨 물리학상을 수상했다.

볼츠만 사망 고작 2년 후에 그가 옳았다고 밝혀졌으니, 안타깝기가 이를 데 없다. 그러니 돌아가신 내 할머니 말씀처럼, 개똥밭에 구를지언정 이승에서 오래 살고 볼 일이다. 아깝다, 볼츠만의 노벨상.

우리는 과학이 한 점 의심할 필요가 없는 객관적 진리를 추구하는 학문이라고 믿는다. 과학에서는 단 한 가지라도 반증이 나타나면 기존의 이론은 완전히 무시되는 특징이 있기 때문이다. 호주에서 흑조가 발견되자 '백조는 모두 하얗다'라는 경험 법칙은 폐기되어 버리지 않았던가. 칼 포퍼는 반증주의를 펼치며 비판적 합리주의가 바로 과학의 본질이라 말했다. "비판은 모든 이성적 사고의 피와 살이다."

---

7 액체나 기체 속에서 작은 입자들이 불규칙하게 운동하는 현상으로서, 1827년에 스코틀랜드 식물학자 로버트 브라운이 발견했다. 이전부터 생물학자들은 꽃가루나 액체 속 모종의 작은 생명체가 운동하는 것으로 여겨왔다. 하지만 브라운이 금속 가루나 돌가루로도 똑같은 현상이 나타남을 관측하여 보고한 이후로는 물리학의 연구 주제가 되었다.

과연 과학은 비판적 사고만으로 발전할까? 객관성은 어떻게 보장할 수 있을까? 혹시 우리가 '객관적'으로 관찰하고 측정할 때, 이미 모종의 이론을 배경지식으로 삼고 있지는 않을까? 밤하늘의 똑같은 별들을 보면서도 한국인은 국자 모양 북두칠성을 그려내고 영국인은 곰 두 마리를 그려낸다. 관측의 이론 적재성, 즉 '아는 만큼 보인다'는 얘기다. 원자의 존재를 부정하는 사람은 꽃가루 입자의 브라운 운동이 작은 생명체나 열의 대류 때문이라고 여겼지만, 원자의 실재를 믿는 아인슈타인은 똑같은 현상을 분자의 통계적 요동으로 해석했듯이 말이다.

어째서 당대의 과학자들은 볼츠만을 화병 나게 만든 걸까? 볼츠만이 미워서는 아닐 거다. 그들은 여태까지 해왔던 대로의 과학, 토머스 쿤의 용어를 빌자면 '정상과학normal science'을 성실히 수행했을 뿐인 거다. 쿤에 따르면, 정상과학을 따르는 과학자들은 새로운 현상에 대해 기존 지식체계를 활용하여 임시방편으로 억지로 해석하는 행위를 지속적으로 반복하는데, 이러한 억지 해석이 더 이상 통용되지 않을 정도로 크게 실패하는 지점에 이르게 되어야 비로소 기존의 패러다임이 붕괴하는 과학혁명이 도래한다고 했다. 볼츠만의 자살은 기존 패러다임이 바뀌는 과학혁명이 일어나기까지 얼마나 많은 저항과 희생을 극복하고 감수해야 하는지를 보여준다. 모든 혁명은 피를 먹고 자란다. 비록 그것이 과학혁명이라 할지라도.

다행히도 볼츠만의 억울함을 화학자들이 다소 풀어주었다. 원자와 분자의 실재는 1802년 제안된 존 돌턴(1766~1844)의 원자설

이후 화학계에서는 주류로 자리 잡고 있었다. 따라서 기체 분자 운동론과 아보가드로의 가설[8]이 화학자들에게는 비교적 쉽게 받아들여졌기 때문이다.

돌턴은 또 누구인가? 돌턴이 과학계에 끼친 영향력은 넓고도 지대하다. 앞서 이야기했던 열의 일당량을 측정한 실험물리학자 줄과도 연관이 있다. 줄은 어린 시절 돌턴으로부터 2년간 산술학과 기하학을 배웠고, 돌턴이 사망하기 전까지도 가끔 스승을 방문했던 개인교습 제자다. 돌턴은 완전한 독학자였다. 어쩌면 그렇기에 플로지스톤이니 열소니 하던 기존의 관습적 인식에서 완전히 벗어난 창의적 시각으로 원자와 분자의 존재를 들여다볼 수 있었으리라. 과연 우리 사회의 과학교육은 얼마나 창의적인지 잠시 생각해 보게 된다.

○°
열역학 제2법칙이 예견하는 우주 종말

볼츠만이 가장 크게 기여한 분야는 열역학, 고전통계물리학이다. 열 및 통계물리학은 3학년쯤에 배우는데, 물리학과 졸업생치고 열역학이 최애 과목이라는 사람을 나는 아직까지 단 한 명도 만나보지 못했다.

---

8 자세한 이야기는 물질량의 단위를 다룬 마지막 장에서 다룬다.

2학년 고전역학 시간에는 평면, 빗면, 마찰면 등에서 동그랗고, 네모지고, 거칠거칠한 물체를 밀고, 충돌시키고, 회전시켜 가며, 뉴턴 방정식을 푼다. 이때까지만 해도 세계는 예측 가능하고, 확실하며, 명료하다.

그러나 3학년 열역학 시간이 되면, 세상이 그렇게 명확하지 않다는 걸 배운다. 우리가 알 수 있는 건 기껏 통계적인 분포일 뿐이라고 하니 말이다. 열역학은 열을 에너지의 한 형태로 보고 열 현상의 기본 원리 및 응용을 연구하는 물리학의 한 분야로, 열, 일, 엔트로피 등을 다룬다. 그중에서도 최고봉은 단연 열역학 제2법칙인 엔트로피 증가의 법칙일 것이다. 열적으로 고립된 계에서는, 무질서도라고 표현되는 엔트로피의 변화가 시간이 지날수록 더 커진다는 내용이다. 엔트로피는 어떤 계의 무질서도 또는 거시상태에 대응되는 미시상태의 경우의 수로 정의되는데, 이것이 시간이 흐를수록 작아지지는 않고 계속 커지기만 한다는 뜻이다. 예를 들어, 빨간색 물감통과 파란색 물감통을 큰 통에 부으면 보라색 물감이 되고 끝난다. 아무리 오랫동안 기다려도 원래대로의 빨간 물감과 파란 물감으로 분리되지는 않음을 우리는 경험적으로 알고 있다. 내 사무실이(내 사무실이 '열적으로 고립된 계'가 아니라는 '사소한' 사실은 잠시 무시하자) 시간이 지날수록 점점 더 지저분해지는 이유도 거스를 수 없는 자연의 법칙 때문인 것이었다. 그러니 청소를 직업으로 가진 분들은 자연의 법칙에 반기를 드는 위대한 혁명가들인 셈이다.

때로 우리는 진실을 외면하거나 잊은 채로 살고 싶어 한다. 이를

테면 '인간은 필멸의 존재다'라는 냉정한 진리는 기껏해야 어쩔 수 없이 받아들일 점이지, 두 팔 벌려 환영할 만한 기쁜 소식은 아닐 것이다. 엔트로피 증가의 법칙은 우주도 마찬가지라는 뜻을 품고 있다. 우주의 엔트로피는 계속해서 증가만 할 것이고, 언젠가는 더 이상 증가할 것도 없는 상태에 이를 것이며, 그때는 소립자조차 붕괴해 흩어져 버렸을 테니, 사실상 아무것도 없는 상태이리라는 예언이다. 우주 전체의 열적 종말이라니, 이것이야말로 허무의 끝판왕이 아닌가!

빈에 있는 볼츠만의 묘비에는 그의 상반신 부조와 함께, 엔트로피 공식 $S = k \log W$가 대리석에 금장으로 각인되어 있다. 수식적으로 엔트로피는 로그로 표시된 거시상태에 대응하는 미시상태의 수에 볼츠만 상수를 곱한 값과 같다. 엔트로피와 볼츠만 상수는 단위가 J/K으로 같은데, '줄 매 켈빈'이라고 읽는다. 볼츠만 상수의 값은 $1.380\ 649 \times 10^{-23}$ J/K이며, 이는 기체 상수와 아보가드로 수의 비이기도 하다. 볼츠만 상수는 온도나 물질량 등으로 측정되는 거시세계와 통계역학에서 고려되는 가능한 상태의 수와 같은 미시세계를 연결하는 의미를 품고 있다. 2019년 세계측정의 날부터 발효된 개정 국제단위계에서 절대온도는 바로 이 볼츠만 상수를 고정함으로써 정의된다.

한편 엔트로피는 과학계를 넘어 일반사회에도 널리 알려진 용어이기도 하다. 사회학자 제러미 리프킨은 1980년에 출판한 저서 『엔트로피』에서 세상 모든 게 점점 더 쓸모없는 방향으로 흘러가고 있고, 종국에는 무질서하게 되리라고 해석하기도 했다. 내가 보기에는 이것은 일종의 '초월 번역'이지만, 과학전문용어가 시민들의 교양에 스며들게 한 긍정적 측면은 인정해야 할 듯 싶다.

⚪° 가장 뜨거운 vs 가장 차가운

열역학 제2법칙이 우주 멸망 시나리오라는데, 그렇다면 혹시 제3 법칙도 있을까? 있다. "절대 영도에서 계의 엔트로피는 0이다."로 표현된다. 열역학적 정의에 따라 절대 영도는 모든 원자와 분자들이 운동 에너지가 없는 상태다.

샤를의 법칙에 따라 기체라면 부피도 0이 되어야 하지만, 실제로는 대부분의 기체가 절대 영도 이전에 액체 또는 고체가 되어버린다. 아이스크림 케이크를 주문할 때 멀리까지 가니 꼭 많이 넣어 달라 요청하는 드라이아이스는 −79 °C 이하에서 고체로 상태가 바뀐 이산화탄소다. 영화 '터미네이터 2'에서 액체형 터미네이터 T-1000을 얼리고 부숴버릴 수 있었던 건 액체 질소를 활용한 덕분이었다. 탱크로리가 터지고 뭔가 액체가 마구 쏟아져 나온 영화 장면이 기억나시는가? 우리가 숨 쉬는 공기의 약 80%를 차지하는 (그리고 과자 봉지 안을 상당 부분 채우고 있기도 한) 질소는 −196 °C에서 액체로 상태가 바뀐다. 액체 질소는 실험실뿐 아니라 일상에서도 접할 수 있다. 피부에 올라온 사마귀 치료처럼 병원에서 국소

냉각마취에 사용하며, 수 년 전 한 어린이를 급성 위장 수술까지 받게 만든 문제 상품인 '용가리 과자'에도 쓰였다.[9] 액체 질소가 상온에 노출되어 순식간에 기체로 바뀔 때 마치 연기처럼 보이는 성질에 착안했겠지만, 애초부터 삼킬 가능성이 있는 식품에 넣어서는 결코 안 되는 물질이다.

0 K이라는 절대 영도를 과연 실제로 만들 수도 있을까? 역사상 인간이 도달한 최저 온도는 1999년 로듐을 이용해 냉각했다는 100 피코켈빈(기호: pK)으로 알려져 있다. 여기서 접두어 피코는 1조분의 1을 뜻한다. 우리에게 조금 더 친숙한 접두어 나노(기호: n)로 표현할 수도 있다. 1 나노는 십억분의 1이므로, 100 pK은 0.1 nK이라 표현해도 된다. 단위 접두어를 무엇으로 쓰든 어쨌거나 매우 작은 숫자다. 참고 삼아 다음 쪽에 있는 표(국제단위계(SI) 접두어)를 보아도 좋겠다.

극저온 상태에서는 전기 저항[10]이 0이 되는 초전도 superconductivity 나 액체 점성 저항이 사라지는 초유동 superfluidity 같은, 특이한 현상이 나타난다. 2001년 노벨물리학상을 수상한 연구 업적은 루비듐 원자가 포함된 기체를 170 nK까지 냉각시켜 실현한 '보스-아인슈타인 응축'이었다.

미시세계에서 국소적으로나 일어나는 현상이 거시현상에서도

---

9 「'용가리 과자' 먹은 12세 어린이 위에 구멍 나 수술 후 치료 중」, 이은중, 연합뉴스, 2017. 8. 3.(https://www.yna.co.kr/view/AKR20170803131100063)

10 전류의 단위를 다룬 5장에 자세히 설명되어 있다.

인자	이름	기호	인자	이름	기호
10^1	데카	da	10^{-1}	데시	d
10^2	헥토	h	10^{-2}	센티	c
10^3	킬로	k	10^{-3}	밀리	m
10^6	메가	M	10^{-6}	마이크로	μ
10^9	기가	G	10^{-9}	나노	n
10^{12}	테라	T	10^{-12}	피코	p
10^{15}	페타	P	10^{-15}	펨토	f
10^{18}	엑사	E	10^{-18}	아토	a
10^{21}	제타	Z	10^{-21}	제토	z
10^{24}	요타	Y	10^{-24}	욕토	y

▲ 국제단위계(SI) 접두어

관측되니 과학자들은 초저온의 매력에 빠져들게 되었다. 한국표준
과학연구원에서도 2012년에 국내 최초로 루비듐 원자를 활용하여
보스-아인슈타인 응축이 일어나는 극저온 상태를 구현했다. 양자
컴퓨터 등 미래에 가능할지 모르는 산업적 활용을 위해서라도 '절
대 영도'의 매혹은 지속되고 있다.

그렇다면 인간이 만들어낸 가장 뜨거운 온도는 대체 몇 도일까?
물을 끓여 봐야 100 °C 남짓이고, 도자기 굽는 가마는 1500 °C 정
도, 철을 녹이는 용광로는 2000 °C 가량이다. 자연계에서는 어떤
가? 태양의 표면 온도는 6000 °C 정도라고 한다. 가스 덩어리인 태
양에서는 수소 핵 두 개가 하나의 헬륨 핵으로 융합하는 반응이 쉼
없이 일어난다. 우리가 살아가는 지구는 태양의 핵융합 과정에서

방출되는 에너지를 받아 식물은 광합성을 통해, 동물은 식물과 다른 동물들을 먹음으로써 에너지를 저장하며 살아가고 있다. 우리는 생명의 탄생부터 유지까지 모든 것을 태양에 빚지고 있는 셈이다. 만일 인간이 인공적으로 태양 비슷한 것을 만들어 그것으로 전력을 생산하면 어떨까? 원자력 발전보다는 핵폐기물이 덜 생기고, 화석연료를 태우는 것보다는 환경오염이 적을 수도 있지 않을까?

2020년 11월 24일, 한국핵융합에너지연구원의 인공태양 케이스타KSTAR는 1억 °C 이상의 초고온 플라스마[11]를 20초 동안 연속 운전하는 데에 성공했다. 세계 최장 기록이다. 플라스마 연속 운전 시간이 300초 이상이 되면 인공태양을 실용화할 수 있다고 하니 케이스타 연구원들의 분발을 기대해 본다. 아직까지는 초고온 상태를 유지하는 데 드는 에너지가 인공태양에서 얻는 에너지보다 월등히 큰 실정이기는 하다. 그러고 보면 대한민국에서 가장 뜨거운 곳도, 차가운 곳도, 이 책의 저자들과 마찬가지로 대전에 있는 셈이다.

○°
지구 체온까지 걱정하는 시대에 우리는

온도는 무엇이 뜨겁거나 차갑다는, 지극히 개인적인 감각에서 시작하여 만국 공통의 객관적 숫자와 단위로 정착되었다. 초등학교

---

11 고체, 액체, 기체에서처럼 전자가 특정 원자핵에 속박되지 않고 원자핵과 전자가 섞여 있는 상태.

앞 문구점에서도 살 수 있는 체온계 하나에는 알고 보면 지난 300
년 동안 몸 바쳐 연구한 과학자들의 노력이 눈금마다 서려 있다. 두
개의 고정점을 정하고 간격을 몇 개로 나눌지 합의하는 데만도 긴
시간이 소요되었으니 말이다. 비접촉식 체온계로 건강을 어림짐작
하기까지는 얼마나 많은 과학기술자의 노력이 있었던지! 어찌 보
면 과학은 수많은 모래알로 이뤄진 모래성이고, 과학자 한 사람은
단지 한 알의 모래알처럼 느껴진다. 원소 기호나 방정식, 상수에 이
름도 남기지 못한 채 묵묵히 업무를 수행했을 수많은 과학기술자를
생각하니 가슴이 뭉클해진다.

인간의 건강을 체온 측정으로 대략 짐작할 수 있게 되자 우리는
지구의 온도도 재보기 시작했다. 어떻게 잴 수 있을까? 성층권까지
매일 사람이 직접 갈 수는 없으니, 기온, 습도, 기압을 측정하는 관
측계인 라디오존데radiosonde를 풍선에 매달아 약 35 km 상공까지
올려 보내 기상 데이터를 측정하고 있다. 세계 고층기상관측망의
모든 관측소는 협정 세계시 0시와 12시에 하루 두 번씩 상층 기상
요소를 관측한다. 동네 뒷동산에만 올라가도 바람이 세서 추운데,
그 높이라면 오죽하겠는가. 바람도 많고 태양복사도 심해서 온도
센서를 교정해야만 측정값을 믿을 수 있게 된다. 한국표준과학연구
원은 라디오존데를 이용하여 오차 0.5 ℃ 이하로 지구대기의 온도
를 측정하는 기술이 있다. 아프다는 아이 이마에 손을 얹듯이, 과학
자들은 지구 이마에 손을 얹어보는 측정을 지속하는 중이다. 쉽게
말해 지구가 아픈지 진단하는 데에도 온도계가 활용되는 셈이다.

그랬더니 웬걸. 지구 온도 관측값은 시간이 지날수록 계속되는 우상향을 보여주지 뭔가. 전 세계 어디서든 말이다. 주식가격이라면 우상향이 반가운 일이지만 지구 온도는 그렇지 않다. 지구온난화 현상, 지구는 지금 아프다. 노벨 화학상 수상자 파울 크뤼천(1933~2021)은 인간이 지구환경에 지대한 영향을 끼치기 시작한 시대를 인류세anthropocene로 부르자고 제안했다. 그 시기가 산업혁명부터인지 핵실험부터인지, 혹은 문제의 본질이 인간이라기보다는 자본주의이므로 자본세로 불러야 할지 등, 아직은 시점과 명명에 논란의 여지가 많다.

하지만 우리가 화석 연료를 태워 가며 일으킨 산업혁명과 문명 발전이 많은 영향을 미쳤음은 누구라도 부정하기 어려울 것이다. 역사상 성공한 해방 운동은 단 한 가지인데, 그것은 다름 아닌 '탄소 해방 운동'이라는 자조적인 표현이 회자되는 시대가 아니던가. 산업화 이전 대비 지구온도 상승을 1.5 $^\circ$C 이하로 억제하기 위해 우리나라를 비롯한 세계 각국이 탄소중립을 선언하고 있다. 인간과 지구가 열나지 않고 건강히 오래 사는 방법을 모색하는 데에도 온도 측정은 필수다.

【 열역학 온도의 국제단위계(SI) 단위 켈빈 】

1968년부터 물의 삼중점을 이용했던 켈빈의 예전 정의는 2018년 제26차 국제도량형총회에서 폐기되었다. 이 총회에서 자연 상수로 새롭게 정의된 켈빈은 이제 변하지 않는 불변의 단위가 되었다. 2018년 제26차 국제도량형총회 결의사항 1의 내용을 아래와 같이 발췌해 정리해 보았다.

2018년 제26차 국제도량형총회(CGMP)에서,

◦ 국제 무역, 첨단 제조업, 인간 보건 및 안전, 환경 보호, 세계 기후 연구와 이 모든 것을 뒷받침하는 기본 과학에서 전 세계적으로 동일하게 이용 가능한 SI의 필수 요건,

◦ SI 단위는 장기적으로 안정적이고, 내적으로 자기모순이 없어야 하며, 가장 높은 수준의 자연의 현재 이론상 설명에 기반을 두어야 한다는 것,

등을 고려하여

국제단위계, SI는 2019년 5월 20일부터 다음을 만족하는 단위계로 **결정한다.**

◦ 세슘 133 원자 Δv_{Cs}의 비섭동 기저상태 초미세 전이 주파수는 9 192 631 770 Hz이다.

◦ 진공에서의 빛의 속력 c 는 299 792 458 m/s이다.

◦ 플랑크 상수 h 는 $6.626\ 070\ 15 \times 10^{-34}$ J s이다.

◦ 기본전하 e 는 $1.602\ 176\ 634 \times 10^{-19}$ C이다.

◦ 볼츠만 상수 k 는 $1.380\ 649 \times 10^{-23}$ J/K이다.

◦ 아보가드로 상수 N_A는 $6.022\ 140\ 76 \times 10^{23}$ mol^{-1}이다.

◦ 주파수 540 × 10^{12} Hz인 단색 복사선의 시감효능 K_{cd}는 683 lm/W 이다.

그리하여 최종 결정된 켈빈의 정의는 다음과 같다.

켈빈(기호: K)은 열역학 온도의 SI 단위이다. 켈빈은 볼츠만 상수 k를 J K^{-1} 단위로 나타낼 때 그 수치를 1.380 649 × 10^{-23}으로 고정함으로써 정의된다. 여기서 J K^{-1}은 kg m^2 s^{-2} K^{-1}과 같고, 킬로그램(기호: kg), 미터(기호: m)와 초(기호: s)는 h, c와 Δv_{Cs}를 통하여 정의된다.

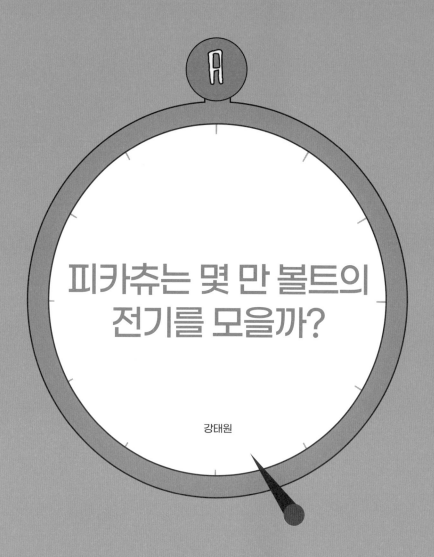

피카츄는 몇 만 볼트의 전기를 모을까?

강태원

휴대전화 배터리가 2 % 남아 있다면? 재빨리 충전기를 찾아 배터리를 꽂으면 충전이 시작된다. 충전이란 배터리에 전류를 흘려서 원래 전압으로 회복시키는 것을 말한다. 보통 충전기는 꾸준하게 서서히 전압을 높여 간다. 충전은 휴대전화 배터리만 하는 게 아니다. 볼에 동그랗고 빨간 전기 주머니가 있는 피카츄는 잠잘 때 특히 전기를 잘 모은다. 심지어 몇만 볼트까지! 모은 전기로 번개를 만들어 쏠 수도 있다. 피카츄는 일본어로 '반짝'이라는 뜻의 피카에 설치류의 울음소리를 나타내는 츄를 붙여 만들어진 이름이다. 자연에서 번개가 한 번 '번쩍' 할 때 전압은 1억 볼트에서 10억 볼트, 전류는 수만 암페어나 되는데, 피카츄가 만드는 번개는 그것에 비해 작아서 '반짝' 한다고 귀엽게 표현했나 보다.

지금은 아이들도 전기를 물이나 공기처럼 당연하고 자연스럽게 받아들이지만, 처음 우리나라에 전등이 켜진 130여 년 전만 해도 사람들이 몰려들어 구경할 정도로 전기는 신기하고 '요상한' 것이었다.

○°
경복궁에 괴상한 불!

2015년 5월 국립문화재연구소는 고종의 편전[1] 경복궁 영훈당 터 일대를 발굴했다. 정확히는 경복궁 북쪽 후문에 있는 연못 향원지와 영훈당 사이 구역이다. 아크등arc lamp에 사용된 탄소봉, 1870년이라는 연도가 새겨진 투명한 유리절연체 등이 출토된 이곳은 바로 우리나라 최초의 전기발전소이자 전기 발상지인 전기등소電氣燈所, Electric light plant였다.

1887년 3월 이른 봄,[2] 서양 사람의 손으로 마침내 기계가 움직이기 시작했다. 향원지에서 빨려 올라간 물이 끓는 소리와 우레 같은 소리가 경복궁 내를 뒤흔들었다. 얼마 뒤 궁전 안에 세운 가지 모양의 전등이 켜져 대낮처럼 밝아졌다. 밀랍 초나 쇠기름 등잔을 사용해 오던 조선 사람들은 놀라움을 금치 못했다. 일본 궁성과 중국 자금성보다 약 2년 앞서 조선 최초로 전등이 켜진 것이다. 에디슨이 전구를 발명한 지 7년 5개월 만의 일이다.

조미수호통상조약이 체결된 이듬해인 1883년 고종은 민영익 등

---

1 임금이 평상시에 쓰는 집무실.

2 조선시대 국왕직속 특수 무관부였던 선전관청의 업무일지 『선청일기』에는 1887년 3월 6일 전기소패장(오늘날의 전기기술자) 맥케이가 근무 후 퇴궐했다는 기록이 있다. 전문가들은 이것을 근거로 이 날을 최초 점등일로 보고 있다. 한편 당시 일본에 거주하던 윤치호가 현지 신문을 보고 적은 『윤치호일기』에는 1887년 1월 26일이라고 기록되어 있어 최초 점등일에 논란은 있다. 어쨌든 1887년 초라는 점은 분명하다.

11명으로 구성된 보빙사報聘使[3]를 미국에 파견한다. 보빙사 일원이면서 최초의 미국 유학생이었던 유길준은 훗날 『서유견문』에 이렇게 쓰고 있다.

"우리는 일본에서 전기용품을 본 적이 있다. 그러나 전기불이 어떻게 켜지는지 몰랐다. 우리는 인간의 힘으로서가 아니라 악마의 힘으로 불이 켜지게 된다고 생각하였다. 이제 우리는 미국에 와서야 비로소 그 사용법을 알게 되었다."[4]

신문물을 보고 돌아온 일행의 건의를 들은 고종은 전등 설치를 허락한다. 뉴욕 주재 조선 명예총영사 프레이저(1834~1901)의 도움으로 조선의 전등 설치 사업이 시작되고 1884년 9월 4일 경복궁에 세워질 전등 설비를 에디슨(1847~1931) 전기등 회사에 주문했다. 전등기사 윌리엄 맥케이(한국 이름: 맥계麥溪, 1864~1887)가 우리나라에 파견되어 경복궁 전등 설치 공사를 시작한 것은 1887년 1월의 일이었다. 증기엔진 한 대에 3 킬로와트 발전기 두 대를 연결하여 돌렸던 당시 전등 설비는 16 촉광[5] 백열등 120개와 100 촉광 아크등 두 개를 켤 수 있었다. 그때는 처음 보는 광경이어서 요상한 것이라 여기면서도 사람들이 구경하려고 몰려들었다. 황현은 『매천야록』에 임오군란과 갑신정변을 겪은 이후 "고종은 한밤중에 난이 많이 일어났으므로 대궐 안에 전등을 밝히고 새벽까지 밝게 하

---

3 1883년 조선에서 미국 등 서방 세계에 파견한 최초의 외교 사절단.
4 유길준, 『서유견문』, 허경진 옮김, 서해문집, 2004.
5 1 촉광은 양초 한 개 밝기이며 광도의 단위를 다룬 6장에서 상세하게 다룬다.

였다.[6]라고 쓰고 있다. 이처럼 궁궐도 밝아졌는데 고종의 염원처럼 우리 조선도 밝아졌다면 얼마나 좋았을까.

어느 날 불길한 징조가 나타났다. 물고기들이 떼 지어 연못 수면 위로 뛰어오르거나 물 밖으로 나와 죽기까지 했다. 경복궁 향원정 앞에 설치된 전기등소 설비는 석탄 보일러에 증기엔진, 그리고 직류 발전기 두 대로 구성되어 있었다. 보일러 증기의 힘으로 돌아가는 증기엔진을 식히려고 향원정 연못물을 끌어 올렸는데 엔진을 식히면서 데워진 물이 다시 연못으로 흘러 들어갔기 때문이었다.

그러나 당시 과학을 알지 못했던 사람들은 멀쩡한 물고기가 떼죽음을 당했으니 나라가 망할 징조라며 증어망국蒸漁亡國이라 수군댔다. 전등에 관한 소문과 별명도 난무했다. 물을 먹고 불을 켜니 '물불'이라고 하고, 괴이하다 하여 '괴상한 불'이라고도 불렀다. 건들거리면서 자주 꺼졌다가 켜진다 하여 '건달 불'이라고도 했다. 설상가상으로 전등이 처음 켜졌던 3월 어느 날, 전등기사 맥케이가 총기사고로 죽고 만다. 보조기사였던 김기수가 권총을 만지다가 잘못 발사된 것이다. 이 일로 경복궁 전등소는 운영을 멈추었고 반년이 지나서야 영국인 전등교사 파이어Pyirre를 초청하여 다시 불을 켤 수 있었다.

구한말 기록을 담고 있는 『대한계년사』는 1900년 4월 10일(음력 3월 11일) 미국 전차회사 사람이 종로 전차 정류장과 매표소 조명

---

6 황현, 『매천야록(상)』, 이장희, 명문당, 2009.

에 필요한 전등 3개를 설치했다며 민간 거리에도 전깃불이 들어오기 시작했음을 알리고 있다.[7] 1901년 진고개(지금의 충무로)에 민간 조명용 전등 600개가 보급되어 전등은 차츰 우리나라의 밤을 밝히게 되었다. 1966년 대한전기협회와 전기산업계가 뜻을 모아 4월 10일을 전기의 날로 지정하여 기념하고 있다.

○° 암페어, 볼트, 옴은 전기단위 삼총사

1 안, 2 부, 3 오, 10 황보는 무슨 뜻일까. 뜬금없는 물음에 아마도 고개를 갸우뚱할 것이지만 사실은 방금 지어낸 말들이다. 그렇다면 1 암페어, 2 볼트 3 옴, 10 와트는? 각각 전류, 전압, 저항, 그리고 전력의 크기와 단위를 나타낸다는 것은 많이들 알 것이다. 특이하게도 여기에 쓰인 단위들은 모두 사람 이름을 딴 것이다. 만일 부씨 성을 가진 사람이 처음 전압을 연구했다면 220 볼트는 아마 220 부로 불리고 있을 것이다.

전기에서 중요한 세 가지 단위가 암페어, 볼트, 옴이다. 이름하여 전기 단위 삼총사! 이들은 바로 위에서 말한 것처럼 전기의 중요한 양인 전류, 전압, 저항의 단위이다. 암페어를 앞세운 이유는 그것이 국제단위계의 7개 기본단위 중 하나이기 때문이다. 연대순으로는

---

7 『대한계년사 권6』(정교 지음, 조광 엮음, 변주승 옮김, 소명출판, 2004년), 『황성신문』 1900년 4월 11일자, 「조선일보 오늘의 역사」 4월 10일[1900년] 참고.

볼타 전지가 1800년에 만들어졌고 앙페르 법칙과 옴의 법칙은 각각 20년, 26년 뒤에 발표되었다.

전기 단위 삼총사의 활동 무대는 어디일까. 전류가 흐르게 하려면 도선으로 전기회로(준말은 회로)를 만들면 된다. 보통 도선은 전류가 잘 흐르는 금속 재질로 만든다. 회로는 운동장의 트랙과 같이 출발점과 도착점이 같아서 제자리로 되돌아오는 길을 말한다. 우리가 사용하는 전기 기기는 사용 목적과 모양은 다르지만 모두 전기회로를 구성하고 있다. 전기단위 삼총사가 활동하는 무대가 바로 전기회로이다.

다음으로 삼총사의 관계는? 도선을 포함하여 물체에 흐르는 전류는 전압에 비례하고 저항에 반비례한다. 밝기를 조절할 수 있는 전기스탠드를 예로 든다면, 전압이 높고 저항이 작을수록 큰 전류가 흘러 전등 빛이 밝아진다. 전기스탠드의 밝기 조절 손잡이나 버튼이 저항을 조절하는 장치이다. 이것이 바로 옴의 법칙이다. 자세한 내용은 옴 절에서 다룬다.

전기 기기의 스위치를 누르면 전류가 흐르고 전기 기기는 전기에너지를 쓰면서 일을 하기 시작한다. 전기 기기에 1초 동안 공급되는 전기에너지가 전력이며, 전력은 전압과 전류의 곱으로 나타낸다. 와트(기호: W)는 증기 기관 개량에 공헌한 제임스 와트 (1736~1819)의 이름에서 따왔으며 1889년 영국 과학진흥협회 총회에서 전력의 단위로 채택되었다.

전기의 크기를 이해하려면 전기와 관계된 단위를 알아야 한다.

전기 단위 중 하나를 설명할 때 다른 단위도 말해야 할 때가 종종 있다. 이것은 늘 붙어 다니는 삼총사의 특성 때문이다.

또 하나 짚고 넘어가자면, 전기에는 직류와 교류가 있다. 직류는 전류가 한 쪽 방향으로만 흐른다. 건전지에 꼬마전구를 도선으로 연결하여 만든 간단한 전기회로를 떠올려보면 된다. 교류는 220 V 전원콘센트에서처럼 전류의 방향이 규칙적으로 바뀐다. 전압과 전류는 앞에 직류 또는 교류를 붙여 양을 나타낸다. 직류전압, 교류전류 이런 식으로. 직류에서의 저항을 교류에서는 이름을 바꿔 임피던스라고 부른다. 이 글에서는 이해하기 쉽도록 주로 직류에 대해서 다루고, 교류일 때는 따로 표시했다.

사람의 키를 말할 때 우리는 미터나 센티미터라는 단위를 쉽고 자연스럽게 사용한다. 한편 우리는 전기 없는 세상은 생각만 하려고 해도 벌써 막막한데, 일상에서는 전기요금을 말할 때나 '고전압 위험'이라는 표지판을 볼 때 말고는 전기와 관련되어 별로 생각하는 일이 없는 것 같다. 학교에서 배워도 어렵다. 이 글에서 소개하는 전기 삼총사 이야기를 차근차근 따라 읽다 보면 전기로 이루어진 세상을 조금은 더 잘 이해하게 될 것이다.

볼타, 전지를 처음 만들다

물이 높은 골짜기에서 낮은 바다로 흘러가듯 도체 속을 흘러가는 전류도 전기적인 압력이 높은 곳에서 낮은 곳으로 흐른다. 이때 압력 차이를 전압 또는 전위차라고 하며 단위는 볼트를 사용한다.

전압이라는 양이 어디에서 나오게 되었는지 알아보자. 기원전 600년경 그리스 철학자 탈레스는 우연히 모피로 호박을 문질렀을 때 호박이 가벼운 물체를 끌어당기는 현상을 관찰했다. 잠깐, 여기서 호박은 식물 호박이 아니라 식물에서 나온 액체가 화석이 되면서 만들어진 광물의 일종으로, 갈아서 장식 돌로 썼다. 영어의 전기 'electricity'는 호박을 뜻하는 그리스어 'electron'에서 유래했다.

그 후 이것이 마찰에 의한 전기적 힘에서 비롯되었다는 사실이 밝혀졌다. 이때 발생한 전기를 띤 전하는 정지해 있으므로 정전기라고 부른다. 물체가 띠는 정전기의 기본적인 양이 전하이고, 단위는 쿨롬(기호: C)이다. 프랑스의 쿨롱(1736~1806)은 '같은 극성의 전하는 서로 밀치고 다른 극성의 전하는 서로 잡아당긴다'는 사실과 '전하 사이에 작용하는 힘은 두 전하량의 곱에 비례하고 거리의 제곱에 반비례한다'는 쿨롱의 법칙을 발견했다. 이 공로로 그는 전하의 단위에 자신의 이름을 남겼다. 그런데 이상하다. 이름을 남겼다면서 왜 쿨롱이 아니라 쿨롬일까? 같은 Coulomb이지만, 프랑스인이기 때문에 이름은 외래어 표기법에 따라 쿨롱이라고 표기하고, 그 이름에서 따온 전하량의 단위는 영어식으로 발음하기 때문이다. 그리고 국제도량형총회에서 사람 이름에서 유래한 단위는 대문자로 쓰기로 정했기 때문에, 대문자 C로 쓴다. 볼트와 암페어도 마찬가지이다.

전기를 띠고 있는 전하 주위에 전기적인 힘이 미치는 공간을 전기장電氣場이라고 한다. 한자를 풀면 전기의 들판 또는 마당이다. 전기장 안의 한 기준점에서 다른 점으로 단위 전하를 옮기려면 쿨롱의 법칙에 의하여 힘이 필요하다. 전위는 전기장 안에 있는 어떤 기준점(무한히 먼 점이 될 수도 있다)에서 다른 점까지 단위 전하를 옮기는 데 필요한 일을 상대적인 값으로 나타낸 것이다. 이처럼 전위는 본질적으로 두 점 사이의 전위차를 나타내며, 이를 전압이라고도 한다.

전압의 단위 볼트는 이탈리아 과학자 볼타의 이름을 영어식으로 표기한 것이다. 쿨롱과 쿨롬처럼. 알렉산드로 볼타(1745~1827)는 이탈리아 북부 코모 시의 가난한 가정에서 태어났다. 공립학교 졸업 당시 문학에 뜻을 두었던 청년 볼타는 우연한 기회에 영국 출신 신학자이자 화학자인 프리스틀리(1733~1804)가 쓴 전기 역사에 관한 책을 읽고 흥미를 느껴 화학과 물리학을 공부했다. 한 권의 책이 그의 일생을 바꾼 것이다. 볼타는 마을의 고등학교에서 물리 교사로 있으면서 처음으로 전지 연구를 시작했다.

1780년 이탈리아 생의학자 루이지 갈바니(1737~1798)는 해부한 개구리 다리에 금속 해부칼을 댔을 때 경련이 일어나는 것을 우연히 관찰했다. 철과 구리를 서로 연결해서 죽은 개구리 다리에 대도 역시 다리가 움직였다. 이후 10년 동안이나 이어진 유명한 '개구리 다리 실험'의 결론으로 갈바니는 전기가 동물의 뇌에서 흐른다는 '동물 전기'를 주장했다. 지금이야 허황되게(?) 들리겠지만, 당시

에는 이미 알려진 전기뱀장어 등과 함께 상당히 설득력 있는 설명
으로 받아들여졌다.

볼타의 전지 연구는 갈바
니의 결론에 의문을 품는 것
에서 출발한다. 한 종류의
금속을 사용할 때는 개구리
다리에 경련이 일어나지 않
는다는 것을 볼타는 알고 있
었기 때문이었다. 갈바니의
개구리 다리 연구는 볼타의
연구에 길을 열어주는 계기
가 되었다.

1794년 볼타는 이 의문을
풀기 위해 자신이 직접 만
든 다른 금속 재료로 갈바니
실험을 다시 해보았다. 그리
고 결국 전기의 근원은 생물

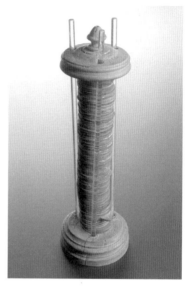

▲ 볼타 전지. 1899년 이탈리아 코모 시에서 열
린 볼타 100주년 기념전시회에 전시되었다.
그해 7월 8일에 발생한 화재에서 가까스로 건
져냈다고 전해진다. (저작권: Attribution 4.0
International(CC BY 4.0). 원본파일에 변형을
가하지 않음)

이 아니라 금속 사이의 접촉 자체에 있다는 것을 알게 된다. 이러한
볼타의 주장과 갈바니와의 주장 사이에 논쟁은 불가피했는데 '쿨롱
의 법칙'으로 유명한 쿨롱의 지지를 받은 볼타의 주장이 과학계에
받아들여졌다. 안타깝게도 갈바니는 이 과정에서 크게 마음이 상해
1798년 세상을 떠나고 만다.

볼타는 여러 번의 실험을 통해 두 종류의 서로 다른 금속과 습기만 있으면 전기가 발생한다는 사실을 발견했고, 마침내 1800년 볼타 전지를 발명했다. 볼타 전지는 구리 원반, 전류가 통하는 용액(전해질이라고 한다)의 일종인 황산 용액에 적신 헝겊, 그리고 아연 원반을 번갈아 쌓아 서로 연결해서 만들어진 것이었다.

오늘날 휴대전화나 무선 노트북과 같은 정보통신기기는 사람들이 실시간으로 정보를 주고받게 해주며, 화석연료인 석유의 고갈에 대비하여 전기자동차 수도 점점 늘어나고 있다. 이러한 전기 기기들은 필연적으로 오래가면서도 가벼운 전지를 요구한다. 이 글에서는 볼타 전지라고 쓰고 있지만 배터리라는 말도 자주 사용한다. 전지는 충전할 수 없는 1차 전지와 충전할 수 있는 2차 전지로 나누어진다. 대표적인 1차 전지는 시계나 리모컨에 사용되는 건전지이다. 2차 전지는 여러 번 충전하여 사용하는 전지인데 휴대전화나 전기자동차 등에 사용된다.

그렇다면 1 V는 어느 정도 크기일까. 1 A의 전류가 도체의 두 점 사이를 흐를 때 소모되는 전력이 1 W이면 그 두 점 사이의 전압을 1 V로 정의한다. 이렇게 말해도 그 크기가 어느 정도인지 감을 잡기 어려울 것 같다. 간단하게 새끼손가락 크기의 AA 건전지 하나가 1.5 V 전압을 만들 수 있다는 걸 상기해 보면 이해하는 데 조금 도움이 될까?

더 실감나는 예로, 특히 겨울철에 느닷없이 찌릿찌릿 우리를 놀라게 하는 정전기靜電氣(시간에 따라 분포가 변하지 않는 전하 및 그것에 의한 전기 현상)가 만들어내는 전압의 크기를 살펴보자. 건조한 겨울날 외투를 입은 사람이 양탄자 위를 걸을 때 3만 5000 V까지 높은 정전기가 사람 몸에 쌓일 수 있다. 반대로 습도가 높은 여름철에 정전기는 1500 V 정도로 낮아진다. 피부가 건조하고 마른 사람일수록 정전기에 더 민감하게 반응한다. 그런데 전압이 이렇게 높은데도 우리가 아무 일 없이 무사하게 양탄자 위를 걸을 수 있는 것은 왜일까? 전하가 모여 있기만 하고 움직이지 않아서 전류가 흐르지 않기 때문이다.

여름 장마철에 볼 수 있는 번개는 하늘을 뒤덮은 구름 아래쪽에 모여 있던 음전하가 땅으로 흐르면서 발생하는 것이다. 번개를 만들 수 있는 피카츄도 전기주머니에 음전하를 모으면서 잠을 잔다고 볼 수 있다. 피카츄가 음전하를 모아 정지해 있으면 몸 주변에 정전기가 만들어진다. 높은 전압의 정전기를 만들기 위해 피카츄가 음전하를 많이 모으려면 털이 뽀송뽀송해야 하고 몸집도 클수록 좋다. 한 마리가 3만 5000 V까지 정전기를 모을 수 있으니까, 세 마리의 피카츄가 서로 몸을 접촉하고 있으면 표면적이 넓어지는 효과가 있어서 10만 5000 V의 정전기까지도 모을 수 있지 않을까.

전기가 통하지 않는 공기와 같은 부도체도 전압이 매우 높아지면 절연이 파괴되어 전하가 이동하면서 전류가 흐르고 번갯불이 번쩍인다. 공기의 절연파괴전압이 미터당 300만 V인데, 음전하를 모은 피카츄가 공격 상대에게 몇 센티미터 정도로 가까운 거리까지 접근하면 3만 V의 정전기만으로도 번개를 일으킬 수 있을 것이다.

천적을 번개로 공격하는 순간 피카츄 몸에 쌓여 있던 음전하는 공기 절연을 깨고 천적이 있는 쪽으로 매우 빠르게 이동한다. 이처럼 운동 상태의 전하에 의한 전기 현상을 동전기動電氣라고 한다. 우리들이 사용하는 전기는 대부분 동전기이다. 볼타의 전지 발명은 과학자들이 본격적으로 동전기를 이용하여 실험할 수 있는 길을 여는 계기가 되었다.

전압이 높다는 것은 큰 전기에너지를 낼 수 있음을 의미한다. 일반 가정집에서 발전소로 갈수록 전압이 높아진다. 예를 들면 전기 콘센트는 교류전압 220 V, 도로 가에 설치된 회색 금속 상자에 들어 있거나 지하에 매설된 송·변전 설비는 15만 4000 V, 도로를 달리면서 보는 먼 산을 따라 설치된 송전탑 설비는 34만 5000 V, 발전소 부근의 승압 변전소에서는 76만 5000 V이다. 발전소 전압은 1~2만 V 정도인데 이것을 승압 변전소로 보내어 전압을 높이면 송전과 배전에서 전력 손실을 줄여준다.

이러한 배치는 지역마다 조금씩 다르며, 설치 면적을 좁히고 효율을 높이기 위해 전압을 높이는 사업을 하고 있다. 참고로 우리나라는 1973년부터 2005년까지 32년에 걸쳐 표준전압을 110 V에서 220 V로 높이는 큰 사업을 했다. 결과적으로 전력 손실이 25 퍼센트나 줄었다. 나라마다 다르지만 현재 우리나라 전기콘센트 전압은 220 V이다.

현대에 전압 표준은 조셉슨 소자를 이용하여 만든다. 소자란 독립된 고유한 기능을 가지면서 장치나 전자회로 등을 구성하는 부품을 말한다. 조셉슨 소자에는 초전도체[8] 전극 사이에 얇은 부도체가 끼워져 있다. 일반적으로 부도체가 전류를 막으면 전극 사이에 전류가 흐르지 않지만, 조셉슨 소자에서는 초전도체의 양자효과 때문에 전자가 부도체를 뚫고 지나가 전류가 흐른다. 그런데 특이하게도 조셉슨 소자에서는 전류가 변해도 전압이 변하지 않는 현상이 생기는데, 이 전압의 크기가 매우 안정적이어서 표준전압으로 쓰기에 안성맞춤이다. 그러나 소자 1개가 내는 전압은 0.001 V 정도로 매우 작아 한국표준과학연구원에서는 2009년 8191개의 접합들을 직렬로 이어서 만들었고 여기서 나오는 전압 스텝은 1.104 011 351 V이다. 지금은 8만여 개의 조셉슨 접합으로 만들어진 10 V 조셉슨 전압 표준기도 사용되고 있다. 어려운 이야기지만 표준을 만드는 것은 중요한 내용이기에 꼭 알리고 싶었다. 국제적으로 약속된 단위를 구현하는 것이 표준을 만드는 일이기 때문이다. 이해하지 못하더라도 '표준을 정하는 게 중요하구나, 이렇게 정하는구나' 하고 한번쯤 생각해보면 좋겠다는 바람이다.

∘°
앙페르, 마침내 그는 행복했다

어두운 방에 들어가면 우리는 저절로 전등 스위치를 찾아 누르

---

8 매우 낮은 온도에서 전기저항이 0에 가까워지는 현상이 나타나는 도체.

게 된다. 그러면 전기가 잘 통하는 도선 속 모든 곳을 꽉 채우고 있던 음전하를 띤 전자들이 일시에 한 방향으로 이동하기 시작하여 전등이 켜진다. 전류가 흐르는 길이 하나인 직렬 전기회로에서 스위치를 닫았을 때 흐르는 전류는 회로를 이루고 있는 도선의 모든 지점에서 일정하다. 한편 병렬 전기회로는 전류가 흐르는 길이 회로 중간에서 여러 갈래로 갈라졌다가 다시 모이게 된다.

전류의 세기는 일정한 시간 동안 도선의 단면을 통과하여 이동하는 전하의 양으로 나타내며, 단위는 암페어이다. 1 암페어는 도선의 한 면을 1 초 동안 1 쿨롱의 전하량이 지나갈 때 전류의 세기이다. 식으로 나타내면 $1 \text{ A} = 1 \text{ C/s}$이다. 작은 전류를 나타낼 때는 밀리암페어(기호: mA)를 사용하는데, 1 mA는 천분의 1 A이다.

일상생활에서 교류전압 220 V인 전기콘센트에 플러그를 꽂아 사용하는 전기제품들의 전형적인 교류전류의 크기를 알아보자. 가정용 에어컨은 12 A, 헤어드라이어는 10 A, 세탁기도 10 A, 전기다리미는 5 A 정도의 전류가 흐른다. 이처럼 전동기를 세게 돌리거나 열을 내는 전기 기기들에는 큰 전류가 흐른다. 한편 여름철 선풍기를 강풍으로 돌리면 0.2 A, 평판 텔레비전은 0.5 A, 충전 중인 휴대전화는 1 A의 비교적 작은 전류가 흐른다. 전지 전압은 보통 1.5~9 V이며, 전압이 낮을수록 작은 전류가 흐른다. 전기면도기, 디지털 카메라, 휴대전화 등은 낮은 전압에서 작은 전류로 작동하므로 전지를 사용한다.

그런데 우리 몸에 전류가 흐르면 어떻게 될까? 몸의 저항은 사람마다 다르며, 400~2000 Ω(옴) 정도이다. 같은 전압이라고 해도 저항이 다르면 흐르는 전류도 다르다. 우리 몸속에 1 mA의 전류만 흘러도 찌릿찌릿 전기 자극을 느낀다고 한다. 5 mA의 전류는 경련을 일으키고 고통을 느끼게 한다. 10 mA의 전류는 근육을 수축시키고 15 mA에서는 근육이 마비된다. 70 mA의 전류는 심장에 큰 충격을 주게 되며, 100 mA의 전류가 몸속에 흐르면 죽을 수도 있다. 이렇게 위험한 전류가 요긴하게 쓰이기도 한다. 갑자기 심장 경련이 일어나 쓰러진 사람에게 응급 처치로 전기충격을 가할 때 전류가 50 mA이다. 이제 공공장소나 지하철역에서 자동심장충격기나 심장제세동기 보관 상자에 쓰인 50 mA가 눈에 들어올 것이다.

전류 단위인 암페어는 프랑스 과학자 앙페르(1775~1836)의 이름에서 가져왔다. 앞서 나온 두 단위(쿨롬과 볼트)와 마찬가지로 Ampère는 외래어 표기법에 따라 앙페르라고 표기하고, 그 이름에서 따온 전류 단위는 영어로 ampere라고 쓰기 때문에 암페어로 표기한다.

앙페르는 프랑스혁명이 일어나기 약 15년 전인 1775년 부유한 사업가의 아들로 태어났다. 계몽주의가 한창이던 그때 아버지는 루소의 교육론에 심취하여 앙페르를 학교에 보내지 않고 집에서 자유롭게 원하는 것을 배울 수 있도록 했다. 그러나 불과 18세에 앙페르는 아버지가 프랑스 공화국 정부에 대항하는 반란에 가담했다는 모함을 받아 단두대의 이슬로 사라지는 것을 눈앞에서 보아야 했다. 엄청난 충격을 받은 앙페르는 세상과 인연을 끊고 자신의 방에서 오로지 공부에만 몰두했다. 학문에 몰입하는 것이 그에게는 일종의 탈출구였는지도 모른다. 그때 밝은 빛처럼 다가온 부인의 따뜻한 격려와 후원으로 연구결과를 발표하기 시작하던 1803년, 부인마저 세상을 떠나고 만다. 슬픔의 터널 속을 걷던 앙페르를 끌어내어 파리 공과대학 수학과 교수로 임명한 사람은 나폴레옹이었다.

1820년 덴마크 과학자 외르스테드가 전기와 자기에 관한 논문을 발표한 후 이를 접한 앙페르는 전류와 자기 방향의 관계를 밝혔다. 앙페르는 전류가 흐르는 두 개의 도선 사이에 힘이 작용한다는 것을 실험으로 밝히고 수식으로 표현했다. 이 이론은 그가 죽은 후 61년이 지나 전자가 발견되고 나서야 비로소 검증받을 수 있었다. "앙페르, 최고!" 하면서 치켜세운 오른손 엄지가 전류 방향이면 감아쥔 나머지 네 손가락은 자기장 방향이 된다는 것이 '앙페르의 오른손 법칙'이다.

1836년 앙페르는 62세의 나이로 세상을 떠났다. 묘비명에는 라틴어로 "마침내 나는 행복했다Tandem Felix."라고 새겨져 있다. 1881년 국제전기협약에서 후대 과학자들은 그의 이름을 따서 전류 단위를 암페어라고 부르기로 했다.

전류 단위 암페어가 어떻게 먼저 나온 전압 단위 볼트를 제치고 기본단위에 들어갔을까? 그것은 이론과 측정방법을 앙페르가 고안해 냈기 때문일 것이다. 국제도량형위원회는 1946년 전류의 단위 암페어를 '무한히 긴 두 개의 평행 도선 사이에 작용하는 힘'으로 정의했는데, 앙페르의 생각을 그대로 사용한 것이다. 8년 후 국제도량형총회는 암페어를 포함한 6개 기본단위를 채택하기로 결정했다.[9] 앙페르는 또 최초로 전류를 재는 방법을 고안했다. 자유로이 움직이는 가느다란 바늘을 이용해서 전류 측정 장치를 만들었고 이것을 개선한 것이 오늘날의 검류계다. 정말 앙페르, 최고다!

앞의 글들에서 나온 것처럼 2019년 기본단위가 재정의될 때 암페어도 재정의되었는데, 왜일까? 우선 이전에 과학자들이 약속한 암페어 단위의 정의를 들여다볼 필요가 있다.

'무한히 길고 무시할 수 있을 만큼 작은 원형 단면적을 가진 두 개의 평행한 직선 도체가 진공 중에서 1 m 간격으로 유지될 때 두 도체 사이에 매 미터당 2×10^{-7} N의 힘을 생성하는 일정한 전류의 크기'

휴우, 길고 복잡해서 읽기에도 숨이 차다! 먼저, 전류는 이 정의에 따라 실제로 구현된 적이 없다. 단면적이 무한히 작으면서도 길이는 무한히 긴 물체를 만들 수 없기 때문이다. 다음으로 암페어의 정의를 찬찬히 들여다보면 길이와 힘과 같은 다른 물리 단위가 먼저 만들어져야 하는 것도 문제였다. 또한 완전한 진공으로 된 실험 환경도 만들어야 했다. 다시 말하면 암페어는 기본단위임에도 직접 구현할 수 없다는 한계를 지니고 있었다.

과학자들은 전류 단위인 암페어를 실제로 만들 수 있는 방법

---

9 물질량의 단위인 몰은 1971년 기본단위로 추가되었다. 상세한 설명은 마지막 장 참고.

을 탐구했다. 그 결과로 2019년 5월 20일 전자의 기본전하값 ($e = 1.602\ 176\ 634 \times 10^{-19}$ C)을 변하지 않는 상수로 고정하기로 약속했다. '전자의 흐름'이 전류이므로 단위 시간당 도선에 흐르는 전자의 개수를 측정하면 전류의 크기를 알 수 있다는 것이다. 아, 5월 20일은 세계측정의날이다.

한국표준과학연구원을 포함한 세계 몇몇 측정표준연구소에서는 '단전자펌프'라는 전자 개수를 세는 복잡한 장치를 만들고 있다. 미래에 정교한 측정기기가 만들어지면 피카츄 볼의 빨간 전기 주머니에서 나오는 전자를 하나씩 셀 수 있게 될지도 모를 일이다.

○° 옴의 법칙은 잘못된 이론?

과학 시간에 전기를 배울 때 처음 만나는 법칙이 바로 '옴의 법칙'이다. 옴의 법칙은 전압, 전류, 그리고 저항의 관계를 나타내는 것이다. 1827년 옴은 다음 그림에서 굵은 글씨로 된 공식을 발표했으며, 나머지 두 식은 이해를 돕기 위해 추가했다. 이와는 별개로 전력은 전압과 전류의 곱으로 나타낸다. 옴의 법칙은 도선에 흐르는 전류는 전압에 비례하고 그 비례상수는 저항이라는 것이다. 이 글의 그림과 본문에서 기울임체 글씨는 그것이 양$_{\text{量}}$임을 나타낸다. 옴의 법칙은 금속과 같은 도체에는 잘 맞지만 반도체나 초전도체 같은 경우에는 잘 맞지 않는다. 초전도체는 매우 낮은 온도에서 전기

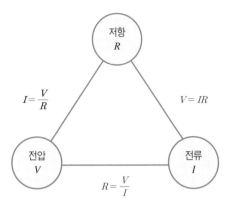

▲ 전압, 전류, 저항의 관계

저항이 0에 가까워지는 현상이 나타나는 도체이다.

옴의 법칙은 전압이 같은 조건에서 저항이 작으면 전류가 많이 흐르고(전류의 세기가 크다고도 한다), 저항이 크면 전류가 적게 흐른다고도 말할 수 있다. 앞에서 우리 몸의 저항이 조금씩 다르다고 했는데 이것은 건성이나 습성 등 타고난 피부 조건이나 손이 물에 젖은 상황 등에 따라 다르기 때문이다. 예를 들면 손이 땀으로 젖었거나 물이 묻었을 때보다 잘 말라 있을 때 우리 몸의 저항이 커서 몸속에 흐를 수 있는 전류가 작다. 전기제품 설명서의 안전을 위한 주의사항에 "전원 코드는 물기가 없는 손으로 잡으세요."라는 경고 문구가 들어 있는 이유다. 젖은 손으로 피카츄에게 너무 가까이 다가가면 감전될 수 있으니 조심해야 한다.

저항은 물체를 통해 흐르는 전류가 잘 흐르지 못하도록 방해하는 정도이고, 그 값은 전압을 전류로 나누어서 구한다. 이렇게 말하면 마치 저항이 전류가 흐르지 못하게 방해하는 훼방꾼인 것만 같다. 그렇지만 전압이 고정되어 있을 때 저항을 바꾸면 회로에 흐르는 전류의 크기를 원하는 대로 바꿀 수 있다. 전류의 크기와 성질을 마음대로 조절하여 여러 가지 전기 기기들을 만들어 사용하게 해주는 것이 저항이다. 오늘날 우리가 편리한 삶을 누릴 수 있다는 것은 옴의 법칙 덕분이라 할 수 있겠다.

저항의 단위 옴은 과학자 옴의 이름에서 따왔다. 물리학자 게오르크 옴(1789~1854)은 독일 남부 에를랑겐에서 태어나 16세에 에를랑겐 대학에 입학하여 수학, 물리, 철학을 배우기 시작했지만 학비가 없어 학업을 중단하고 스위스에서 수학교사 일을 했다. 학교교사와 개인교습을 하면서 혼자서 계속 수학을 공부한 옴은 1811년 다시 학교로 돌아와 수학으로 박사학위를 받았다. 고등학교 교사가 된 옴은 여러 물리실험들 중에서도 전기실험에 특히 관심을 두었다. 이때 옴이 사용한 중요한 장치들 중 하나가 바로 25년 전 볼타가 발명한 볼타 전지였다. 옴은 여러 가지 길이와 재료의 도선들에 흐르는 전류를 측정하기 위해 수없이 많은 실험을 했다. 그 결과를 모아 1827년에 출간한 책 『갈바니 전류의 수학적 연구』에 옴의 법칙이 포함되어 있었다.

새로운 것은 언제나 반대에 부딪히기 마련이다. 전압과 전류가 밀접한 관계를 가지고 있다는 옴의 새로운 주장은 큰 반론에 부딪히고 만다. 독일의 대다수 과학자들은 전압과 전류는 전혀 다른 양이라고 생각했기 때문이었다. 당시 독일의 교육부 장관은 옴을 향해 "그런 잘못된 이론을 퍼뜨리는 교수는 과학을 가르칠 자격이 없다."라고 비난하기도 했다. 실망한 옴은 1828년 모든 공적인 직책을 내려놓고 수학 개인교습으로 생계를 이어가다가, 5년 뒤 뉘른베르크 공업학교 교수 자리를 받아들였고 1839년부터 학장을 역임했다. 1841년 영국왕립학회는 옴에게 코플리 메달을 수여했고 그를 왕립학회 외국인 회원으로 받아들였다. 그 후 독일 베를린 아카데미에서도 그를 회원으로 받아들였다.

옴의 법칙은 2019년 5월 단위 재정의 이후 전류 단위를 구현하는 두세 가지 방법들 중 하나가 되었다. 자세하게는, 볼트와 옴을 플랑크 상수와 기본전하의 특정한 조합에 연결하는 실용 양자 표준이 옴의 법칙을 통한 암페어의 실제적 구현 방법으로서 거의 보편적으로 쓰이게 되었기 때문이다.

오늘날 전기저항의 단위 옴은 양자홀 효과를 이용하여 구현한다. 양자홀 효과는 매우 낮은 온도에서 도체나 반도체에 전하의 이동 방향과 수직한 방향으로 강한 자기장을 걸어주면 저항값이 딱딱 떨어져 양자화되는 현상을 말하며, 그 저항값을 홀 저항이라고 부른다. 홀 저항은 불확도가 10억분의 1로 매우 정확하게 측정할 수 있어서 전기저항 표준값으로 사용된다. 2020년 한국표준과학연구원에서는 그래핀이라는 물질을 기반으로 하여 표준저항 10개를 배열한 129 kΩ(킬로옴) 고저항 배열 소자를 만들었다. 독일과 미국에 이어 세계에서 세 번째로 만든 것이다.

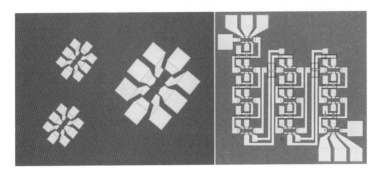

▲ 그래핀 기반 양자홀 단일 표준저항소자(왼쪽)와 이것을 10개 배열하여 만든 129 kΩ 고저항 배열 소자(오른쪽)(한국표준과학연구원 제공)

○° 가만히 있기엔 부지런한 전력

커다란 댐에 물을 가두어두는 것은 필요한 곳에 요긴하게 쓰기 위함이다. 이 물을 흘려 전기를 생산하고 가뭄이 심한 논밭에 물을 공급해 주는 일을 해야 비로소 저장되어 있던 물이 제몫을 하게 되는 것이다. 이처럼 전기도 흘러서 에너지를 공급해야 쓸모가 있다. 그것이 전기에너지다.

냉장고는 내부 공기를 차게 만들어 음식물을 신선하게 보존한다. 전자레인지는 짧은 시간에 음식을 따뜻하게 데워준다. 배터리가 휴대전화를 살리는 것도, 냉장고가 내부 공기를 차게 만드는 것도, 전자레인지가 음식을 데우는 것도, 다들 아는 것처럼 전기에너지가 하는 일이다.

전기 기기가 일하면서 소모한 전기에너지를 시간으로 나누면 전력이 구해지며 단위는 와트(기호: W)이다. 이것은 증기기관을 개선한 제임스 와트의 이름에서 따왔다. 그런데 최초의 증기기관은 영국의 세이버리(1650~1715)가 광산에서 사용하기 위해 만든 것으로 알려져 있다. 세이버리가 쓴 『광부의 친구』에 등장하는 '불 엔진'이라는 장치가 곧 증기기관이다. 증기기관은 열熱에너지에서 동력을 얻는 인간의 첫 발명품이라 할 수 있다.

여러 전기 기기 중 전기에너지가 열로 변하는 전기주전자의 경우를 살펴보자. 전기주전자에 물을 담고 스위치를 켜면 물이 데워진다. 주전자 바닥에 설치된 코일에 전류가 흐를 때 공급된 전기에너지가 열에너지로 바뀌고 있는 것이다. 차가운 물이 시간이 지나면서 점점 데워지고 끓기 시작하는 전기주전자를 보면, 전기에너지는 전압이 높을수록, 전류가 많이 흐를수록, 시간이 길수록 커짐을 알 수 있다. 즉 (전기에너지) = (전압) × (전류) × (시간)으로 나타낼 수 있고 전기에너지의 단위는 줄(기호: J)이다. 전력은 전기에너지를 시간으로 나누면 되므로 (전력) = (전압) × (전류)가 된다. 1 W는 전압 1 V로 전류 1 A를 1초 동안 흘렸을 때의 전력이다. 참고로 휴대전화 하나의 소비전력은 10~20 W 정도 된다.

다른 방법으로 설명해 보자. 지구에서 어떤 사람이 손으로 물체를 바닥에서 들어 올린다고 가정한다. 역학적으로 1 J은 1 Nm(뉴턴 미터)이다. 이게 도대체 무슨 뜻일까? 구체적으로 1 N은 지구에서 질량 102 g 정도 되는 물체(대략 달걀 2개의 질량에 해당됨)를 떠받칠 때 드는 힘이다. 이때 중력가속도는 9.8 m/s²이다. 이 물체를 바닥에서 1 m 높이까지 가만히 들어 올릴 때 한 일이 대략 1 J이다. 여기서는 일을 함으로써 물체의 위치에너지는 증가했다. 그 사람이 물체를 1 초 동안 들어 올렸다면 일률은 1 W가 된다. 그러므로 30개들이 달걀 한 판을 1 초 동안 1 m 들어 올릴 때 일률은 15 W 정도 된다.

일상생활에서 와트보다 흔히 사용되는 단위는 킬로와트시(기호: kWh)인데, 이것은 전력량의 단위이며 전기요금 고지서에서 쉽게 찾아 볼 수 있다. 1 kWh는 1 kW, 즉 1000 W의 전력을 1 시간 동안 사용한 전력량을 말한다. 1 kWh는 소비전력 500 W인 컴퓨터 두 대를 켜서 1 시간 동안 사용한 전력량이다. 2018년 우리나라 휴대전화 가입자 수는 약 6900만 명이다. 휴대전화 한 대의 평균전력을 10 W로 가정하고 가입자들이 1 시간 동안 계속해서 이동전화를 쓴다고 했을 때 사용되는 전력량은 69만 kWh이다. 안동댐의 시설용량은 9만 kW이다. 휴대전화를 가진 우리나라 사람 모두가 1 시간 동안 휴대전화를 사용하는 데 드는 전력량은 안동댐과 같은 시설용량을 가지는 발전소 7.7개를 동시에 1 시간 동안 가동해서 만들어 낼 수 있는 전력량이다. 우리나라는 2018년 한 해 동안 5조 9290억 kWh라는 사상 최대의 전력량을 생산했으며 국민 1인당 한 해 약 1만 200 kWh를 썼다.

○°
전기와 자기가 만드는 전자기파

앙페르의 법칙에서 전류가 흐르는 도선 주위에 자기장이 만들어진다고 했다. 피카츄는 몸에 모은 전기로 상대를 향해 번개를 내뿜으며 공격한다. 이때 순간적으로 공기를 이온화[10]해 만든 통로로 전류가 흐르면서 주변에 자기장이 만들어진다. 이처럼 전기와 자기磁氣는 단짝 친구처럼 항상 같이 붙어 다닌다.

볼타가 전지를 만들기 전에 전기는 주로 번개나 정전기 등 자연현상에만 존재했다. 즉 사람이 체계적으로 연구할 수 있을 정도로 전기를 제어할 수 없었음을 의미한다. 100달러 지폐에 있는 벤저민 프랭클린(1706~1790)과 같은 과학자는 자연에서 전기가 생기는 현상을 관찰하려고 천둥번개 치는 날에 대담하게도 실험을 감행했다. 1752년 6월의 유명한 '연 실험'을 통해 그는 번개가 전기라는 사실을 증명하고 피뢰침을 발명했다. 그것은 매우 위험한 실험이었으니 나는 그가 운이 좋았다고 생각한다. 번개의 전압은 무려 10억 V나 되고 번개가 내리칠 때 전류는 수만 A에 이르기 때문이다. 갑자기 심장이 멎은 위급한 사람에게 사용되는 전기충격기(또는 제세동기)의 전류가 50 mA 정도이므로 번개가 칠 때 흐르는 전류가 얼마나 큰지 가늠할 수 있을 것이다!

---

10 원자나 분자가 전자를 잃거나 얻어 전기 현상이 일어나는 것.

이러한 상황에서 볼타의 전지 발명은 과학자들이 마음 놓고 안전하게 전기실험을 할 수 있는 발판을 마련했다는 면에서 중요한 의미가 있다. 전류를 원하는 때에 원하는 기기에 흘려 보낼 수 있게 된 것이다. 볼타 전지가 발명되고 나서 20년이 지난 1820년 4월 어느 날 저녁, 덴마크 물리학 교수 외르스테드(1777~1851)는 볼타 전지를 사용한 실험 강의를 하고 있었다. 이날 그는 전류가 흐르는 도선 주변에 놓인 나침반 바늘이 움직이는 예상치 못한 현상을 관찰하고 매우 당황했다. 이 관찰에서 그는 '전기는 자기를 만들 수 있다'는 사실을 처음으로 발견하게 된다. 이전까지 사람들은 전기와 자기가 완전히 남남이라고 생각해 왔다.

새로운 발견은 종종 질문에서 비롯된다. 외르스테드가 도선에 전류가 흐르면 자기가 생긴다고 했는데, 거꾸로 자기에서 전류를 흘려보낼 수 있지 않을까? 이 물음에 대한 답을 찾는 데 몰두한 사람이 패러데이(1791~1867)였다.

단짝 친구가 멀어지면 가까이 가고 싶고 너무 급하게 가까이 다가오면 밀쳐 내려고 하는 마음이 생긴다. 자기도 그렇다. 패러데이는 도선을 둘둘 말아 만든 둥근 코일에 전류를 흘리고, 자석을 코일 속에 넣었다가 빼내는 실험을 했다. 코일 속에 자석이 들어와서 자기력선이 증가하면 이것을 줄이려는 방향으로 코일에 전류가 흐르고, 코일 속에 있던 자석이 빠져나가 자기력선이 감소하면 이것을 원래대로 크게 만들려는 방향으로 전류가 흐른다. 이 전류를 유도 전류라고 부른다. 시간에 따라 변하는 자기력선, 즉 자기가 전류를

만든다. 이러한 '전자기 유도' 현상은 1831년 패러데이에 의해 발견
된다.

자석을 코일로 가까이 가져가거나 코일에서 멀리 떨어지게 하는
것은 기계적인 움직임이다. 이러한 기계적인 동작으로 유도전류를
발생할 수 있다는 사실에서 발전기의 원리가 나온한다. 또한 반대
로 이것은 전류로 선풍기나 믹서 등 기계를 작동할 수 있다는 것을
보여주는 것이었다.

가난한 평민 과학자 패러데이는 겸손하여 영국 왕립학회 회장에
두 번이나 추천받았으나 나아가지 않았다. 후에 왕립학회 회장이
된 데이비의 실험 조수 시절에 패러데이는 데이비의 부인에게 하인
부리듯 하는 취급을 받는 순간들을 겸손과 섬김의 인격 성장을 위
한 시험으로 받아들였을 것이다. 왕립연구소 실험실 주임 시절, 어
린아이들에게 꿈을 심어 주기 위해 1826년부터 1862년까지 성탄
절에 19회의 '촛불의 과학'을 강연하면서 그는 '주는 것이 복이 있
다'는 말을 몸소 실천했다. 아인슈타인의 연구실 벽에는 그가 존경
한 패러데이의 판각 초상이 항상 걸려 있었다고 한다. 온화한 성품
으로 많은 이들의 존경을 받았던 그는 1867년 서재 의자에 앉은 채
로 평온하게 생을 마쳤다.

그림Grimm 형제의 그림 동화 시리즈에 백설공주 이야기가 나온
다. 이야기 속의 일곱 난쟁이들이 살고 있는 작은 집에 키다리 아저
씨가 들어가거나 나오는 것은 쉽지 않을 것 같다. 마찬가지로 파장
이 긴 전자기파(전기와 자기가 합쳐져 있음을 강조하기 위해 이렇게

부르는데, 흔히 전파 또는 전자파라고도 한다)는 금속망의 작은 구멍을 잘 통과하지 못한다. 또 전자기파는 금속으로 밀폐된 곳으로는 들어가지도 나오지도 못한다. 전자레인지 앞면에 무수히 뚫려 있는 조그만 구멍들은 전자기파를 전자레인지 안에 꼭꼭 가두어 음식을 뜨겁게 데우고, 밖으로 새어나오는 것을 막아 부엌에 있는 사람을 안전하게 지켜준다.

이처럼 우리 생활과 밀접한 전기와 자기, 전자기파를 측정하는 분야를 '전기자기Electricity and Magnetism 분야'라고 부르는데, 전기자기 측정 양의 종류는 다음과 같다.

양	단위 및 기호	설명
전압	볼트, V	1 A의 일정한 전류가 흐르는 도선의 두 점 사이에서 소모되는 일률이 1 W일 때 그 두 점 사이의 전위차이다. 많은 국가에서 전압은 전위차로 불린다. 기전력이라고도 한다.
전류	암페어, A	기본전하 e를 C 단위로 나타낼 때 그 수치를 1.602 176 634 × 10^{-19}으로 고정함으로써 정의된다. 여기서 C는 A s와 같고, 초(기호: s)는 세슘 133 원자의 섭동이 없는 바닥상태의 초미세 전이주파수를 통하여 정의된다.
저항	옴, Ω	도체의 두 점 사이에 1 V의 전압을 가해서 1 A의 전류가 흐를 때 이 도체의 두 점 사이의 저항이다.
전력	와트, W	1 초 동안 1 줄(기호: J)의 에너지를 일으키는 일률이다.
전기량	쿨롬, C	1 A의 전류에 의해 1 초 동안 운반되는 전기량이다. 전하량이라고도 한다.
전기용량	패럿, F	1 C의 전기량이 충전될 때 두 판 사이에 1 V의 전압이 나타나는 축전기의 전기용량이다.
전기 인덕턴스	헨리, H	전류가 1 A/s의 비율로 일정하게 변할 때 1 V의 기전력이 생성되는 닫힌 회로의 인덕턴스이다.
자기선속	웨버, Wb	1회 감긴 폐회로 속의 자기선속이 일정한 비율로 1 초 동안 소멸될 때 그 회로에서 1 V의 기전력을 만드는 자기선속이다.

* 전기자기 측정 양의 종류

전자기파는 아무것도 없이 훤히 뚫린 공간에서 어디나 자유롭게 나다닐 수 있다. 2019년 현재 전세계 약 50억 명이나 되는 사람들이 휴대전화를 쓰면서도 서로를 연결하는 전깃줄 없이 정보를 주고받을 수 있는 이유다.

영국 스코틀랜드에서 태어난 맥스웰(1831~1879)은 전자기장의 기초 방정식인 맥스웰 방정식을 만들어 전자기파의 존재를 증명했다. 그는 가우스, 앙페르, 패러데이의 과학이론을 통합했는데 특히 페러데이의 이론에서 아이디어를 얻어 방정식을 완성했다고 한다. 그는 전자기파가 이동하는 속도가 빛의 속도와 같고 횡파(에너지 전달 방향의 수직 방향으로 매질의 움직임이 나타나는 파)라는 사실을 밝혀 빛도 주파수가 높은 전자기파의 한 종류라는 이론의 기초를 세웠다. "태초에 빛이 있으라."라는『성경』「창세기」가 시작되는 부분은 "태초에 전자기파가 있으라."라는 말도 된다는 것이다.

1888년 31살이던 헤르츠(1857~1894)는 스파크를 이용한 실험으로 전자기파를 발견함으로써 맥스웰이 예견한 전자기파의 존재를 실험으로 입증했다. 불행하게도 6년 뒤 헤르츠는 만성 패혈증으로 37세에 요절했다. 주파수의 단위 헤르츠(기호: Hz)는 그의 이름을 딴 것이다. 이후 이탈리아의 청년 마르코니(1874~1937)는 1895년 헤르츠의 실험 기기들을 변형하여 처음으로 알파벳 문장을 무선 전신으로 송수신했다. 그리고 1901년 선을 사용하지 않고 대서양 건너편까지 신호를 보내는 실험에 성공했다. 바야흐로 인류 앞에 무선 통신의 문이 열린 것이다.

○° 세상에 공짜 전기는 없다

지금까지 새로운 과학적 발견을 통해 전기 기술이 어떻게 생겨 나고 발전되어 왔는지를 양과 단위를 중심으로 살펴보았다. 오늘날 우리가 누리는 편리한 문명의 도구들은 먼저 산 사람들의 헌신과 노력의 결정체라는 것을 새삼 느끼게 된다.

현대 사회에서 전기를 빼고 나면 쓸 수 있는 게 무엇이 있을까. 가정에 있는 냉장고, 세탁기, 텔레비전, 전자레인지 등 가전제품들 은 돌아가지 않는다. 공장의 수많은 전기 기계들은 동작을 멈추고 제품을 만들어내지 못하게 된다. 무엇보다 컴퓨터가 켜지지 않아 은행, 공공기관, 상점, 교통 체계는 엄청난 혼란에 빠지고 말 것이 다. 핵미사일관제센터나 군 작전지휘소는 비상전력으로 버티면서 전기가 다시 들어오기를 기다리게 된다.

2012년 12월 한국표준과학연구원의 종이책 도서관은 문을 닫았 다. 커다란 자루에 담겨 쓰레기차에 실려 나가는 책들을 보며 나는 무척 아쉬워했다. 서가가 즐비했던 종이책 도서관은 몇 대의 컴퓨 터만으로 이루어진 전자책 도서관으로 바뀌었다. 우리나라에서는 2001년 공공도서관 전자책 서비스를 시작한 이래, 2018년에는 전 국 1092개 공공도서관의 76 %에 달하는 826개 도서관에서 전자책 서비스를 제공하고 있다.

다가오는 4차 산업혁명 시대에 핵심 자원은 빅데이터다. 어느 국내 인터넷기업은 축구장 약 7배 크기의 땅에 컴퓨터 12만 대를 보관할 수 있는 데이터센터를 운용하고 있다. 여기에만 국립중앙도서관 2만 5000개 분량의 데이터가 쌓여 있다. 우리나라에는 2018년 기준 155곳의 크고 작은 데이터센터가 있다. 축구장 3개보다 약간 큰 것들을 초대형 데이터센터라고 부르는데, 이러한 곳들이 전 세계에 570여 개 정도 된다. 하나의 초대형 데이터센터에는 최소 10만 대의 컴퓨터들이 서로 연결되어 있는데, 이 컴퓨터들은 온도와 습도가 일정하게 유지되는 호텔 같은 건물 안에서 사람들과 함께 지낸다.

인공지능은 네트워크로 연결된 데이터센터에서 필요한 데이터를 불러와 컴퓨터를 알고리즘으로 훈련하여 만들어진다. 원하는 사람에게 언제든 데이터를 제공하려면 컴퓨터는 1년 365일 켜진 상태로 돌아가야 한다. 인공지능을 내장한 전기 자동차나 전기 드론 등 전기를 소비하는 장치들이 늘어날 것이어서 미래 사회는 한층 더 전기에너지에 의존하게 될 것이다. 어떤 이유로든 전기가 끊어지면 무용지물이 되어버릴 장치와 정보가 점점 많아지고 있다는 뜻이기도 하다.

1800년경 영국에서 시작된 산업혁명이 세계로 확산하면서 전기는 고도로 발달한 현대 사회를 떠받치는 근간이 되었다. 세계 여러 나라들은 전기를 생산하기 위해 석유와 석탄 등 화석연료를 점점 더 많이 사용해 왔다. 1948년 미국에서 처음 시작된 원자력 발전은 전기 생산에 크게 기여하고 있지만 사고 발생에 대한 불안감을 항상 지니고 있다.

사람은 한 가지 음식만 먹으면 건강할 수 없다. 마찬가지로 지구에서 어느 하나의 자원만 과다하게 사용하면 특정한 화학물질, 예를 들면 이산화탄소는 짧은 기간 동안 집중해서 발생한다. 사람들이 편리하게 살아가는 사이에 지구 환경은 서서히 균형을 잃으면서 난폭해져 간다. 지구의 평균온도 상승으로 말미암은 전 지구적인 기후변화는 이제 일상에서 날씨로 체감하는 정도가 되었다.

이 책을 쓰고 만드는 데도 전기에너지가 사용되었고, 독자들도 바로 지금 전기에너지를 사용하고 있을 것이다. 현대 사회가 지속되려면 전기에너지를 여러 가지 방법으로 안정적으로 만들고 효율적으로 사용해야 한다. 먼저 전기에너지 중에서 햇빛, 물, 바람, 지열 등을 이용하는 재생에너지 비중을 높여야 한다. 2017년 세계 에너지원별 발전 비중은 석탄 39 %, 재생에너지 25 %, 원자력 10 % 순이다. 우리나라도 국제재생에너지기구 산정 방식으로 2018년 현재 1.9 %[11]인 재생에너지 비중을 2030년에는 20 %로 높이려는 목표를 세우고 노력하고 있다.

전기기기의 효율을 높여 사용량을 줄이는 일은 제품을 개발하는 기업들이 책임지고 있다. 텔레비전, 냉장고, 에어컨 등 전기제품의 에너지 등급을 높이는 연구가 그 예다. 반면에 전기에너지를 필요한 곳에 잘 쓰는 일은 전적으로 소비자의 몫이다. 모든 전기 생산은

---

11 수력에너지를 신재생에너지 통계에 포함하는 우리나라 방식으로 하면 8.9 %가 된다.

대가를 치른다. 우리나라에는 2017년 기준으로 61기의 석탄화력발전소가 있는데 그중에서 30기는 충남 서해안을 따라 세워져 있다. 아마도 발전소 인근 지역의 주민들은 창문을 열기가 불편하고 빨래도 마음대로 널지 못할 것이다. 그런가 하면 2020년 기준으로 24기의 원자력 발전소 중에서 16기는 동해안을 따라, 4기는 충남 서해안을 따라 건설되어 있다. 이 부근에 사는 사람들의 마음속에 (그런 일이 일어나면 절대로 안 되겠지만) 만약의 사고에 대한 지워지지 않는 두려움이 없을 거라고 누가 자신 있게 말할 수 있는가.

이런 부담을 줄이려면 우리 모두 전기를 조금 적게 쓰면 된다. 에너지 효율이 높은 전기제품을 사용하고 매일 생활하는 바로 그곳에서 전기를 아낄 수 있다. 가정이나 학교, 사무실이나 공장 등 어디서나. 전기 사용량을 줄이면 발전소에서는 석탄을 덜 태워도 되므로 그만큼 공기는 깨끗해진다. 피카츄도 깨끗한 환경에서 친구들과 같이 산다면 번개로 공격해야 하는 상황이 줄어서 전기를 덜 모아도 될 것 같다. 다이어트 하는 운동선수가 몸무게를 자주 재듯, 전기요금 고지서를 챙겨 보며, 전기에너지의 씀씀이를 줄여 보면 어떨까? 아울러 전기를 발견한 과학자들의 지혜와 분투를 잠시 떠올릴 수 있으면 좋겠다.

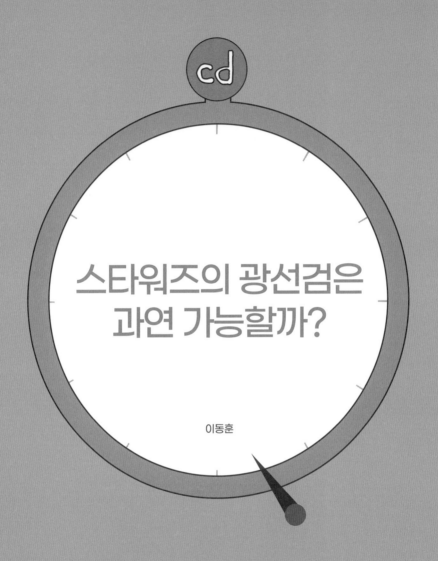

스타워즈의 광선검은
과연 가능할까?

이동훈

영화 '스타워즈' 시리즈 첫 편은 1977년에 조지 루카스가 세상에 선보였다. 나는 에피소드 4로 분류된 이 첫 편을 초등학생 때 처음 보았는데 그때 받은 충격은 지금도 생생하다. 특히 빛으로 만든 칼, 즉 '광선검lightsaber'의 등장은 나를 완전히 매혹시켰다. 한동안 손전등에 플라스틱을 결합한 조잡한 장난감 광선검이라도 그렇게 갖고 싶어 했던 기억이 생생하다.

광선검은 이후 스타워즈 시리즈의 대표적인 상징이 되었다. 당시에는 무기로 쓰이는 신기한 빛은 모두 레이저로 통했던 때라 광선검을 '레이저검'이라고 부르기도 했다.

'스타워즈의 광선검'을 실제로 만들 수 있을까? 나는 레이저라는 단어가 주는 신비로움에 끌려 대학원에서 레이저를 전공하기까지 했다. 하지만 안타깝게도 레이저에 대해서 많이 알아갈수록 레이저 총이나 대포는 가능해도 광선검은 어려울 것이라는 결론을 내릴 수밖에 없었다.

최근 캐나다의 한 공학자가 스타워즈 영화의 광선검 제작에 성공했다는 놀라운 뉴스를 보았다. 유튜브를 통해서 확인한 영상은 정말 영화에서 보던 광선검과 매우 비슷했다! 들고 다닐 수 있는 작은 막대기에서 스위치만 켜면 일정한 길이의 밝은 빛의 기둥이 생겨났다. 개발자가 이 광선검을 이리 저리 휘두르다가 광선이 쇠에 닿는 순간 쇠가 녹으면서 순식간에 잘렸다. 스위치를 끄면 광선은 흔적도 없이 다시 사라졌다. 이것이 바로 스타워즈의 광선검이 아닌가! 단지 옥의 티라면 영화와는 다르게 농약 뿌릴 때 쓸 것 같은 금속 연료통을 등에 매고 다녀야 하는 것이었다.

영상을 조금 더 자세히 분석한 후 나는 유튜브에 나온 그 광선검도 진정한 스타워즈의 광선검이라 하기에는 아직 부족하다는 결론을 내렸다. 그렇지만 제작자들의 열정과 노력을 보고 큰 자극을 받았다. 나는 레이저로 광선검을 만드는 건 불가능하다고 단정한 이후 다른 원리, 다른 방법에 대한 진지한 고민은 하지 않았던 것 같다. 반면 세상에는 어떤 꿈을 향해서 지치지 않고 전진하는 이들이 있었다. 한 길이 막히면 어떻게든 다른 길을 찾아내는 열정과 창의

▲ 영화 '스타워즈'에 나온 광선검(왼쪽)과 유튜브 채널 'Hacksmith Industries'에 소개된 자체 제작 광선검(오른쪽)

력이 놀랍고 부럽다.

○°
레이저로 총은 만들어도
칼은 못 만든다?

딱히 광선검을 개발하려고 레이저 관련 전공을 선택한 것은 아니었지만, 레이저로 광선검과 같은 대박 성과를 만들고 싶어서 이리저리 궁리해 본 적은 있다. 스타워즈를 비롯한 많은 공상과학 영화에서 등장하는 상상의 산물은 과학자들에겐 늘 매력적인 도전과 유혹의 대상이기 때문이다. 대학원 시절 내가 레이저를 전공한다고 하면 지인들이 "그럼 광선검은 언제쯤 세상에 나오는거야?" 하며 농담 반 진담 반 흥미롭게 물어보기도 했다.

레이저는 1960년대에 처음 발명되었으니 역사가 그렇게 오래되지는 않았다. 스타워즈가 처음 나왔던 1977년만 해도 사람들은 레이저란 것에 대해서 잘 몰랐을 것이다. 레이저가 사람들의 일상생활 속으로 파고들기 시작한 건 1980년대에 들어와서부터이다. 미국에서는 80년대 말에 하늘을 날아가는 미사일을 지상에서 요격할 수 있는 첨단 무기로 레이저 기술을 개발하는 프로젝트가 수행된 적이 있는데, 프로젝트명이 다름 아닌 '스타워즈'였으니, 영화 한 편이 세상에 끼친 영향을 가늠할 수 있다.

레이저의 종류와 사용 조건에 따라 많이 다르지만, 레이저의 출력이 1000 와트를 넘으면 대부분의 물체를 태우거나 자를 수 있으며, 실제 산업 현장에서도 쇠를 절단하거나 용접하는 데 활용되고 있다. 이처럼 총과 대포는 현실에서 레이저로 만들어지고 있는데 왜 영화속 광선검은 아직 없을까?

그 이유는 레이저에서 나오는 빛줄기, 즉 레이저빔을 공기 중에서 멈출 수가 없기 때문이다. 레이저빔은 물체에 부딪어 막힐 때까지 무한정 직진만 할 뿐이다. 빛의 기본 성질 중 하나인 바로 이 '직진 본능' 탓에 길이가 일정한 칼은 만들기 어려울 수밖에 없다. 아마 문구점에서 파는 레이저포인터를 사용해 보신 분은 잘 이해할 것이다. 다르게 말하면, 레이저로 광선검을 만들면 길이가 무한히 긴 검이 되고, 그러니 검보다는 차라리 총이라고 하는 것이 맞겠다.

요즘 레이저는 다행히 무기보다는 기계 가공이나 의료용 수술 등 평화로운 목적을 위한 도구로 더 많이 쓰인다. 안과와 피부과의 레이저 시술은 또 얼마나 친숙한가? 어떻게 보면 우리는 피부 미용을 위해 미세한 레이저 광선총을 맞고 있는 셈이다!

○° 레이저에도 와트 단위를 쓴다

앞에서 레이저 출력이 1000 와트를 넘으면 대부분의 물체를 태우거나 자를 수 있다고 했다. 그런데 기계나 전기 분야에서 쓰는 와트 단위가 레이저와 어떻게 연관이 될까?

와트(기호: W)는 1 초당 만들거나 쓰는 에너지라는 의미의 일률
일率 혹은 출력을 재는 데 쓰는 단위이다. 에너지의 양을 나타내는
단위로는 줄(기호: J)을 쓰므로 1 W는 1 J/s와 같다(s는 시간 초의
단위이다). 보통은 에너지와 일이라고 하면 난로의 열에너지, 자동
차를 움직이는 역학적 에너지, 냉장고를 돌리는 전기 에너지를 먼
저 떠올릴 것이다. 레이저의 출력에 와트 단위를 쓴다는 것은 빛도
에너지를 전달한다는 의미이다.

빛이 전달하는 에너지의 많고 적음을 우리는 흔히 빛의 '세기'라
고 말한다. 태양에서 내리쬐는 빛이 셀수록 태양 빛의 출력이 높다
는 의미이다. 맑은 여름날 정오에 우리나라에서 지표면에 도달하는
태양 빛의 출력은 1 m²(제곱미터) 면적에 900 W 정도까지 된다. 쇠
를 자르는 레이저 빛의 출력이 1000 W라면 1 m² 면적에 전달되는
태양 빛의 출력을 능가하는 수준임을 알 수 있다. 혹시 어릴 적에
돋보기로 태양 빛을 모아서 종이를 태워본 경험이 있으신지? 만약
면적이 1 m²에 달하는 렌즈를 구한다면 종이보다 더한 것도 태울
수 있을 것이라 짐작할 수 있다. 대부분 산업용이나 의료용으로 쓰
는 레이저는 이보다 수백 배 높은 출력까지 낼 수 있고 에너지를 매
우 작은 초점에 모을 수 있기 때문에 거의 모든 것을 태우거나 녹일
수 있다.

요약하면, 레이저와 같은 빛이 전달하는 에너지를 빛의 세기라
고 하고, 빛의 세기를 측정할 때도 다른 형태의 에너지와 같이 줄과
와트 단위를 쓴다. 물체가 빛을 맞으면 물체는 이 빛이 전달하는 에

너지의 일부를 흡수해서 온도가 올라가게 되는데, 흡수한 에너지가 너무 크면 물체가 녹거나 타게 된다. 이것이 레이저를 무기나 가공 도구로 사용하는 기본 원리이다.

만약 물체가 빛을 흡수하지 않으면? 그러면 빛은 그대로 반사되고 물체에 별다른 변화를 줄 수가 없다. 그래서 레이저 총을 방어할 방패는 빛을 반사할 수 있는 '거울'이 되겠다. 거울로 레이저 총의 공격을 막을 수 있다니 좀 우습게 들리겠지만, 레이저 무기를 개발하는 사람은 이런 거울이 존재하지 않는 레이저를 만들어야 할 터이다. 여기서, 레이저의 '파장'을 선택하는 것이 매우 중요한 문제가 된다.

○°
레이저 총은 눈에 보이지 않을 가능성이 높다

이탈리아에서 유명 관광지로 둘째라가면 서러울 게 아마도 피사의 사탑일 것이다. 이 탑은 약간 기울어져 있다는 사실만으로도 매우 독특한 건축물이다. 또 16세기에 갈릴레오 갈릴레이가 했던 실험으로도 유명하다. 갈릴레이는 그 탑 위에서 무거운 것과 가벼운 두 개의 공을 동시에 떨어뜨려서 물체가 무게에 상관없이 같은 속력으로 떨어진다는 것을 사상 최초로 증명해 보였다고 한다.

이 실험이 제자가 꾸며낸 일화라는 말도 있고, 사고실험이었을 뿐이라는 말도 있지만, 어쨌든 중력의 법칙에 따라 쇠공이나 나무 공이나 크기만 같으면 동시에 떨어진다는 사실 만큼은 증명된 과학적 사실이다. 그런데, 만약 당신이 바닥에서 공을 몸으로 받아야 하는 입장이라면, 무거운 금속 공 밑에 서겠는가, 가벼운 나무 공 밑에 서겠는가? 비록 두 물체의 속력은 똑같아도 공을 받는 사람이 받는 충격은 완전 다를 것이라는 것을 우리는 본능적으로 알고 있다. 즉, 같은 속력으로 날아오는 물체라도 전달하는 운동에너지는 물체의 질량에 따라 다르다.

빛은 질량이 없고 속력도 일정하다고 알려져 있다. 그럼 모든 빛이 똑같은 에너지를 전달할까? 물론 아니다. 빛에는 '파장'이라는 특성이 있는데, 바로 이 파장에 따라 빛이 전달하는 에너지와 물체에 입힐 수 있는 손상이 달라진다. 눈에 보이는 빛은 무지개와 같이 색깔에 따라 나눌 수 있다. 이때 색을 결정하는 것이 파장이다. 빨간색은 파장이 가장 길고 보라색으로 갈수록 파장이 짧다. 빨간색보다 파장이 긴 빛은 적외선이라 부르며, 보라색보다 파장이 짧은 빛은 자외선이라 한다. 적외선과 자외선은 눈에 보이지는 않지만 엄연히 존재하는 빛이다. 자외선, 적외선 등 눈에 보이지 않는 빛과 구분하기 위하여 인간의 눈에 보이는 빛을 '가시광선'이라고 부른다. 자외선보다 파장이 더 짧은 엑스선, 감마선 등의 전자기파는 '방사선'으로 구분한다. 적외선보다 파장이 더 긴 영역의 마이크로파, 라디오파 등은 통상 '전파'라고 부른다.

피부를 보호하기 위해서 바르는 자외선 차단제는 있어도 적외선

차단제는 없다는 사실에서 알 수 있듯이 대체로 파장이 짧은 빛이 몸에 해롭다. 하지만 어떤 파장의 빛이 더 에너지가 높은지 따져 보려면 빛이 에너지를 작은 알갱이로 나누어서 전달하는 특성도 함께 생각해야 한다. 빛의 알갱이를 '광자photon'라고 부르며 한 개의 광자가 가지는 에너지는 더 이상 작게 나눌 수가 없다. 여기서 중요한 점은 광자 한 개가 가진 에너지가 파장에 따라 다르다는 사실이다. 파장이 짧은 빛은 광자 하나당 에너지가 크고, 파장이 긴 빛은 광자 하나당 에너지가 작다. 따라서 일정한 세기(에너지)의 빛을 만들려고 할 때 보라색은 파장이 짧아 광자 한 개가 가지는 에너지가 크므로 몇 개만 모아도 되지만, 빨간색은 파장이 길어 광자 한 개가 가지는 에너지가 작으므로 더 많은 수의 광자가 필요하다.

이러한 빛의 특성 때문에 빛의 세기를 말할 때는 파장에 대한 정보가 매우 중요하다. 어떤 파장에 얼마만큼의 에너지가 전달된다는 정보를 빛의 '스펙트럼' 혹은 '분광분포'라고 부른다. 태양에서 나오는 빛은 자외선, 가시광선, 적외선을 모두 포함하는 매우 넓은 분광분포를 가지지만 전체 에너지 중 가장 많은 부분은 가시광선 영역에 집중되어 있다. 광합성을 통해 생존하는 식물이 바로 이 가시광선 영역의 빛에 최적화되어 있는 것은 결코 우연이 아니다.

파장이 짧은 자외선은 대부분의 생물체에 무척 해롭다. 똑같이 1 W 출력의 빛이 피부에 도달해도 자외선이 적외선보다 피부에 주는 손상이 월등히 크다. 피부세포의 손상이 광자의 수보다는 하나의 광자가 가지는 에너지에 더 크게 영향을 받기 때문이다. 쇠구슬은 하나만 맞아도 아프지만 탁구공은 여러 개를 맞아도 아프지 않은 것과 비슷한 이치이다.

그럼 레이저 절단기나 무기도 자외선으로 만드는 것이 가장 효과적이지 않을까? 물론 그렇다. 하지만 자외선은 공기 중에 많이 흡수되기 때문에 물체에 도달하기 전에 출력이 급격히 줄어든다는 단점이 있다. 또한, 자외선으로 높은 출력을 내는 레이저를 만드는 것이 기술적으로 매우 어렵기도 하다.

영화에서처럼 눈에 보이는 가시광선 파장의 레이저 무기라면? 이번엔 반사를 잘 하는 물체가 너무 많은 것이 문제다! 은색으로 빛나는 대부분의 금속은 가시광선 파장에 높은 반사율을 가지므로 레이저 무기를 방어하는 방패 역할을 한다. 반사율이 높으면 에너지를 덜 흡수하기 때문에 레이저 에너지를 물체에 전달하여 손상을 주기가 어려워지는 것이다. 금속으로 된 금고를 부수기 위해서 영화에서처럼 초록색이나 빨간색 등 눈에 보이는 레이저 총을 쏜다면 사방으로 반사되어 튀면서 엉뚱한 사람을 다치게 할 확률이 높다.

쇠를 잘라서 가공하거나 미사일을 요격하는 목적의 레이저는 대부분의 금속이 흡수를 잘 하는 파장을 선택해야 하므로 결국 적외선 영역으로 갈 수밖에 없다. 적외선은 열을 전달하는 데 효과적인 파장 영역이고 대부분 물체는 열을 잘 흡수한다. 따라서 물체를 태우고 녹이는 목적이라면 적외선을 선택하는 것이 더 낫다.

결론적으로 스타워즈 영화에서처럼 레이저 총이나 대포가 눈에 보이는 레이저로 파괴력을 갖기는 현실에서 기대하기 어려울 것 같다. 자외선이든 적외선이든, 눈에는 보이지 않을 가능성이 매우 높다. 실제 현재 산업현장에서 사용하는 가공용 레이저도 대부분 눈에 보이지 않는 적외선이다.

○° 유튜브 광선검의 정체는?

유튜브에 등장한 광선검을 톺아보자. 이 광선검은 분명히 레이저는 아니지만, 그렇다고 빛을 직접 사용하는 무기도 아닌 것으로 보인다. 공개된 영상을 보면 그것은 노즐을 통해 일정하고 강하게 뿜어주는 부탄가스를 태워서 매우 뜨거운 불기둥을 만든 것이다. 그러자고 등에는 멋없게 커다란 부탄가스통을 매고 있는 것이다. 결국 영상의 광선검을 한마디로 말하면 길이가 긴 '용접봉'이라고 할 수 있다!

이 불기둥 기술의 핵심은 잘 설계한 노즐을 사용하여 연료 가스를 일직선으로 길게 뻗어 나가도록 하는 것이다. 불기둥이 쇠도 녹이는 것을 보아서 섭씨 3000 도보다 높은 온도인 것을 알 수 있다. 연료 가스의 밸브를 조절하면 불기둥을 켜고 끌 수 있고 가스의 양에 따라 불기둥의 온도도 조절할 수 있다. 나중에 설명하겠지만, 온도를 조절하면 불기둥이 내는 빛의 색깔도 바꿀 수 있다.

이 불기둥을 가지고 두 개의 광선검을 서로 맞부딪치는 스타워즈식 검술을 멋지게 연출할 수 있을까? 그건 어려워 보인다. 가스를 태우는 뜨거운 불기둥 두 개가 서로 딱딱한 막대처럼 부딪칠 수는 없다. 그럼에도 이 불기둥은 겉보기로는 영화 속 광선검과 너무나 닮았다. 기둥의 길이 전체에서 밝은 빛이 나오고, 공기 중에 움직일 때마다 적절한 음향 효과도 난다. 이 불기둥에 닿는 물체는 쇠라도 금방 녹아서 잘려버린다. 지금까지 소개된 현실의 광선검 중에 단연 으뜸이다.

이 유튜브 속 광선검은 광선, 즉 빛으로 물체를 자르는 것이 아니라 뜨거운 불로 물체를 자른다. 빛은 뜨거운 불에서 나오는 '부산물'일 뿐이다. 그런데, 가만히 따져보니 이게 결국 역발상이었다. 광선검이라고 해서 꼭 빛으로 물체를 자르라는 법은 없지 않은가! 아하! 나로서는 무릎을 치는 순간이었다. 뜨거운 물체가 빛의 근원이라는 것은 진작 알고 있었으면서 왜 이것을 광선검과 연관시키지는 못했을까?

˚° 빛과 온도의 관계

모든 물체는 스스로 빛을 낸다. 사실 우리 몸의 체온 정도에서도 빛을 내고 있지만 눈에 보이지 않는 적외선만 나오고 있어 우리가 모를 뿐이다. 만약 우리 몸에서 나오는 빛이 서로에게 보인다면 신기하긴 하겠지만, 우리 체온에 해당하는 파장은 가시광선 영역이 아니라 볼 수가 없다.

우리가 일상에서 사용하는 귀 체온계나 열화상 카메라 등 비접촉식 온도계는 모두 몸에서 나오는 적외선을 측정하여 몸의 온도를 알아낸다. 온도가 올라가면 점점 파장이 짧은 빛의 양이 많아지면서 가시광선도 나오기 시작한다. 쇠를 달구어서 온도가 섭씨 500도 정도만 넘어가면 불그스레한 빛을 내기 시작하며 섭씨 1000도 정도가 되면 빨간색, 2000도가 넘으면 노란색으로 빛이 난다. 온도가 더 높아지면 완전히 하얀색이 된다. 태양 표면의 온도는 섭씨 6000도가 넘으며 여기서 나오는 밝고 흰 빛은 우리 눈에 보이는 무지개 색깔을 모두 포함하고 있다.

광선검처럼 보이는 유튜브의 그 불기둥도 온도가 매우 높기 때문에 스스로 밝게 빛나는 것이다. 가스의 양을 조금씩 조절해서 온도를 바꿔주면 이에 따라 색도 어느 정도 바꿀 수 있다. 쇠를 쉽게 자르려면 온도가 섭씨 3000도보다는 높아야 하니 불기둥 광선검의 색은 흰색으로 조절하는 것이 좋겠다.

온도를 잴 수 있는 모든 물체가 빛의 근원이 된다는 사실은 과학의 역사에서 비교적 최근에 밝혀진 자연법칙이다. 눈에 보이는 빛만 알았던 시절에는 타오르는 불꽃이나 매우 뜨거운 물체만 빛을 낸다고 믿었다. 그 당시에도 온도에 따라서 색이 변하는 현상은 경험적으로 알아서 대장장이들이 쇠를 두드리는 최적의 조건을 달궈진 쇠의 미묘한 색 변화로 판단했다 한다고 눈에 보이지 않는 자외선과 적외선의 존재를 알고 나서야 온도에 따라 어떤 파장에서 빛이 어느 정도의 세기로 나오는지 정확하게 예측하는 법칙을 세울 수 있었는데, 이것이 20세기가 시작되는 1900년 세상에 알려진 '플 랑크의 복사법칙'이다.

반사와 투과 현상이 배제된 '흑체black body'라고 하는 가상의 물체에 대해서 이론이 세워졌고 이 법칙은 매우 정밀한 실험을 통해서 검증되었다. 흑체는 외부의 빛을 전혀 반사하지 않는 물체로 실험실에서는 동굴과 같은 구멍으로 만들 수 있다. 동굴 입구에서 안을 보면 깜깜한데, 입구에서 빛이 들어가도 다시 반사되어 나오지 않기 때문이다. 여기서 '복사radiation'라는 단어가 나왔는데, 이것은 눈에 보이는 빛뿐만 아니라 보이지 않는 모든 파장의 빛을 통칭하는 용어이다. 복사에 대해서는 다음 절에서 더 자세히 알아보겠다.

플랑크 복사법칙에 따르면 흑체의 온도가 낮을 경우 흑체로부터 나오는 빛의 세기가 대부분 파장이 긴 적외선에서 방출되다가, 온도가 높아질수록 방출되는 전체 세기도 증가하면서 에너지의 분포도 파장이 짧은 쪽으로 이동하게 된다. 빛과 온도의 관계를 밝혀 준 플랑크의 복사법칙은 빛의 알갱이인 광자 개념을 탄생하게 했고, 양자역학, 열역학, 통계역학 등 여러 학문 분야의 획기적인 발전에 기여했다. 이 법칙은 현대의 과학기술에서 매우 널리 활용되고 있다. 뜨거운 용광로의 쇳물 온도를 측정할 때, 인공위성으로 지구 표면의 온도를 측정할 때, 멀리 떨어진 우주의 별 온도를 알고 싶을 때, 공항에서 입국하는 사람 중 열이 나는 사람을 모니터할 때 등 많은 경우에 우리는 특정 파장의 빛의 세기를 측정해서 플랑크 복사법칙에 따라 대상 물체의 온도를 알아낸다.

또한 우리는 빛의 세기와 밝기에 대한 표준을 세우는 데도 이 법칙을 사용하고 있다. 현재 세계 공통으로 사용하는 국제단위계의 일곱 개 기본단위 중 하나인 광도의 단위 칸델라(기호: cd)는 오랫동안, 특정한 온도를 가지는 흑체에서 나오는 빛을 기준으로 정의되었다. 그러다 1979년 이후 칸델라의 정의는 흑체를 지정하지 않고 더 일반적인 표현으로 바뀌었지만, 지금도 한국표준과학연구원과 같이 빛의 세기와 밝기에 대한 표준을 담당하는 연구기관에서 흑체는 필수 장비 중 하나이다.

【 광도의 국제단위계(SI) 단위 칸델라의 정의 】

• 칸델라(기호: cd)는 어떤 주어진 방향에서 광도의 SI 단위이다. 칸델라는 주파수가 540×10^{12} Hz인 단색광의 시감효능 K_{cd}를 lm W^{-1} 단위로 나타낼 때 그 수치를 683으로 고정함으로써 정의한다. 여기서 lm W^{-1}은 cd sr W^{-1} 또는 cd sr kg^{-1} m^{-2} s^{3}과 같고, 킬로그램(기호: kg), 미터(기호: m)와 초(기호: s)는 h, c와 $\Delta \nu_{Cs}$로부터 정의된다.

○°
빛의 세기와 밝기는 어떻게 다른가?

내가 지금 일하고 있는 한국표준과학연구원에서는 측정에 대한 표준을 분야별로 나눠서 담당하고 있다. 온도 측정에 대한 표준은 온도 그룹에서, 시간 측정에 대한 표준은 시간 그룹에서 담당하는 식이다. 내가 일하는 부서는 한때 '광도복사도 그룹'이라고 했다. '광도'라는 양과 '복사도'라는 양을 대표적으로 다룬다는 의미였는데, 일반 사람들은 이게 도대체 어떤 의미인지 잘 몰랐다. 연구원에 처음 들어가서 소속 부서가 적힌 명함을 받았을 때 가족들에게도 자랑스럽게 돌렸는데, 동생이 반가워하면서 "이제 형이랑 일 때문에 만날 수도 있겠네!"라고 했다. 동생은 내가 담당하는 복사radiation와는 전혀 관련이 없는 복사copy하는 복사기를 제조하는 회사에 다닌다. 이 복사는 그 복사와 다른데 친척들은 몰라줬다. 질량과 힘을 담당하는 '역학 그룹'의 동료는 사주팔자와 관련이 있느냐는 질문까지 받았다고 하니 그보다는 내가 좀 나은 편이다.

모든 파장의 빛을 통칭하는 복사라는 단어는 한자로 輻射라고 쓰는데, 여기서 첫 번째 글자가 바퀴살이라는 뜻이고 두 번째 글자가 화살 등을 쏜다는 뜻이다. 중심에서 사방으로 뻗어 나가는 빛의 특성을 묘사한 것이다. 영어 단어 radiation의 번역을 찾아보면 복사와 함께 방사放射라는 단어도 나오는데 여기서 첫 글자 '방放'은 잡았던 것을 놓는다는 뜻이다. 이웃 한자문화권을 보면 radiation을 중국에서는 복사라는 단어로, 일본에서는 방사라는 단어로 다르게 사용하고 있다. 우리나라에서는 자외선, 가시광선, 적외선 등 통상 빛으로 분류할 수 있는 전자기파에는 복사라는 단어를 쓰고, 좀 더 에너지가 높고 파장이 짧은 엑스선, 감마선 등이 사용되는 분야에서는 방사라는 단어로 구분하여 쓴다. 아무튼 원본을 똑같이 베낀다는 뜻의 복사 複寫, copy와는 완전히 다르므로 주의!

그럼 '광도복사도'에서 '광도'는 또 뭐란 말인가? **복사도가 빛의 '세기', 즉 빛이 전달하는 에너지와 관련한 양이라면, 광도는 빛의 '밝기'와 관련이 있다.**

빛의 밝기는 사람이 눈으로 그 빛을 보았을 때 비로소 정의할 수 있는 것이다. 눈이라는 특별한 계측기로 측정한 빛의 세기라고도 할 수 있겠다. 그럼 개인마다 눈이 다르고 느끼는 밝기도 다를 텐데 어떻게 객관적인 측정이 가능할까? 과학자들은 여러 사람들 눈의 특성을 연구한 후 이를 평균적으로 반영한 '표준관찰자'라는 것을 정의했다. 이 표준관찰자는 빛의 파장에 따라서 사람의 눈이 느끼는 밝기를 결정하는 이론적인 함수를 가지고 있다. '상대시감효율' 이라고 부르는 이 함수는 빛의 밝기를 표시하는 광측정 단위에 사

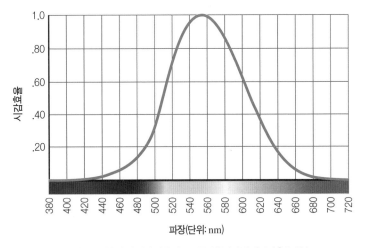

▲ 빛의 밝기를 표시하는 광측정 단위에 사용되는 표준관찰자의 상대시감효율 함수

용되며, 사람의 눈이 밝기를 느끼는 정도가 파장에 따라 변화하는 것을 보여준다. 파장 555 nm(나노미터)에서 최대값인 1을 가지고 그보다 짧거나 긴 파장에서는 점차 작아지는 값을 가진다. 이는 국제조명위원회CIE가 밝은 시감photopic vision 조건에서 제정한 것이다.

눈에 들어오는 빛의 '세기'에 표준관찰자의 상대시감효율 함수의 각 파장별 값을 곱하면 눈이 느끼는 '밝기'를 나타내는 수치를 얻을 수 있다. 예를 들어 1 W의 빛이 눈에 들어온다면, 그 빛의 파장이 555 nm인 초록색일 때 사람은 가장 밝게 느낀다. 같은 1 W가 들어와도 빨간색으로 보이는 파장 640 nm 빛은 그에 비해 약 20 % 정도의 밝기로만 느끼고, 파란색이라고 할 수 있는 파장 470 nm라면 느끼는 밝기는 555 nm일 때의 10 % 정도에 불과하다. 파장이 380 nm보다 짧은 자외선이나 720 nm보다 긴 적외선은 아무리 센 빛이 들어와도 상대시감효율 함수의 값이 0이므로 눈은 전혀 빛을 감지할 수 없다. 여러 파장이 섞인 빛이 들어오면 각 파장별로 이 표준관찰자 함수를 곱해 준 다음 이를 모두 더해서 밝기에 대한 수치 하나를 얻는다.

그렇다면 눈에 보이지 않는 빛은 눈에 해롭지도 않는 것일까? 자외선이나 적외선이 눈으로 들어오면 밝게 보이지는 않지만 눈의 렌즈나 망막에 손상을 주는 것은 변함이 없다. 오히려 보이는 빛은 눈이 부시면 스스로 눈을 감아서 보호할 수 있지만 눈에 보이지 않는 빛은 그런 보호본능이 작동하지 않으므로 더 위험하다고 할 수 있다. 특히 공장에서 사용하는 높은 출력의 레이저는 적외선이라 눈에 보이지는 않지만 조금이라도 눈에 들어가면 치명적인 손상을 유발한다. 레이저를 사용할 때는 어떤 파장인지에 상관없이 보안경 착용이 필수적인 이유이다.

불기둥으로 만든 광선검도 사람의 눈에는 매우 해로울 듯하다. 플랑크 복사법칙에서 설명했듯이 쇠도 녹일 정도로 높은 온도라면 매우 강한 자외선도 나올 것이기 때문이다. 이 역시 반드시 강력한 보안경을 착용하고 사용해야 하겠다.

빛의 밝기와 관련된 양은 줄이나 와트 같은 에너지와 관련된 단위를 쓰지 않고, 루멘, 칸델라, 럭스 등과 같은 조금 생소한 단위를 사용한다. 이런 단위들은 물리적인 에너지와는 다르게 눈이라는 매개체를 통해서 작용하는 효과를 측정한다. 따라서 눈부심과 같이 빛이 눈을 통해서 건강에 미치는 영향을 나타내는 척도를 만드는 데 유용하므로, 조명이나 디스플레이 등과 같이 사람의 눈이 느끼는 밝기가 중요한 분야에서 주로 사용하고 있다.

빛의 밝기를 측정하는 분야를 '광측정photometry'이라고 하여 빛의 세기를 측정하는 '복사측정radiometry' 분야와 구별한다. 광측정 분야에서 사용하는 양의 예는 다음 쪽에 나오는 표와 같다.

빛의 밝기를 나타내는 단위 중 대표는 역시 국제단위계 기본단위 중 하나인 칸델라이다. 광도의 단위 칸델라는 촛불과 같이 매우 작은 광원이나 등대와 같이 멀리 떨어져서 작게 보이는 광원의 밝기를 표시할 때 사용하는데 1 cd는 대략 양초 한 개의 밝기와 같다. 사실 단위의 이름인 칸델라도 양초를 뜻하는 라틴어 Candela에서

양	단위 및 기호	설명
광선속	루멘, lm	눈이 볼 수 있는 빛의 출력을 의미하며, 와트(W) 단위 빛의 출력을 표준관찰자 함수를 통해서 밝기로 변환한 것이다.
광조도	럭스, lx	빛을 받는 면에서 1 제곱미터당 도달하는 광선속이다. 사진을 찍거나 책을 보는 등 밝기가 중요한 작업을 하는 공간에서 조명 환경이 적절한지 표시할 때 주로 사용한다.
광도	칸델라, cd	광원이 점과 같이 작을 때, 특정 방향의 공간 입체각으로 나오는 광선속이다. 자동차 전조등, 교통신호등, 등대 등 먼 거리에서 보는 광원의 밝기를 표시할 때 주로 사용한다.
(광)휘도	단위면적당 칸델라, cd/m²	광원의 크기가 클 때 단위 면적당 특정 방향의 공간 입체각으로 나오는 광선속이다. 휘도는 눈부심의 척도가 되므로 비교적 가까운 거리에서 사용하는 디스플레이의 밝기를 표시할 때 주로 사용한다.

▲ 빛의 밝기와 관련된 양의 종류와 단위

유래했다고 한다(우리나라에서도 예전에 칸델라 단위를 양초를 뜻하는 '촉燭'으로 쓴 적이 있다). 앞의 표에 나온 것처럼 밝기와 관련된 여러 단위가 있는데, 그중 칸델라가 대표가 된 것은 조명산업의 발전과 관련이 깊다.

밝기의 단위는 산업혁명 이후 가스등이나 백열전구 같은 인공광원이 밤을 밝히기 시작하면서 쓰이게 되었다. 그 전에는 어둠을 밝히는 수단이 양초나 등잔, 횃불 등이었는데 개별 광원의 밝기 차이가 크지 않았으므로 광원의 개수만 말하면 충분했다. 하지만 산업 현장이나 도로를 밝히기 위하여 당시 새롭게 등장한 가스등이나 백열전구는 사용 조건에 따라 밝기 차이가 크게 날 수 있어 좀 더 정확한 표준이 필요했다. 그리고 밝기를 나타내는 새로운 단위를 만들 때 사람들에게 익숙한 양초를 선택해서 칸델라라는 단위가 탄생하게 되었다.

에디슨의 발명품으로 유명한 백열전구의 핵심 원리는 필라멘트에 전기를 흘려서 뜨겁게 하여 가시광의 모든 색깔이 다 포함된 백색의 빛이 나게 하는 것이다. 앞에서 설명한 플랑크 복사법칙에 따라 눈에 보이는 가시광선을 최대한 많이 나오도록 하려면 높은 온도가 필요한데, 노란색으로 보이는 백열전구의 온도는 대략 섭씨 2000도에서 2500도에 달한다. 이렇게 뜨거운 필라멘트가 최대한 오랫동안 타지 않도록 만든 것이 에디슨이 발명한 핵심 기술이다. 백열전구 이후 눈에 보이는 파장 영역의 빛의 밝기는 크게 하면서도 자외선과 적외선을 포함한 빛의 세기는 작게 만들어 조명의 효율을 높이는 형광등이나 LED 등과 같은 광원이 개발되었다. 이러한 광원은 실제 온도가 높지 않아도 백색으로 보이는 빛을 낼 수 있는데, 이는 플랑크 복사법칙을 따르지 않는 물질을 인공적으로 만들었기 때문이다. 레이저도 그러한 특수한 광원 중 하나이다. 우리는 플랑크 복사법칙을 통해 빛과 온도를 연관시키는 자연의 중요한 원리를 알아냈고, 이후에는 여러 다른 지식을 접목하면서 플랑크 복사법칙을 넘어설 수 있는 기술을 가지게 된 것이다.

○°
너무나도 인간적인 단위들

빛의 밝기를 나타내는 단위들은 낯설고 어려워 보이지만 사실 너무나도 '인간적인' 단위이다. 이 단위는 오직 사람을 위해서 만들어졌고 사람의 특성이 녹아 있기 때문이다. 사람이 책을 읽기에 편안한 조명의 밝기를 정할 때, 선명하지만 눈이 부시지 않을 정도의 TV 밝기를 정할 때, 그리고 도로에서 눈에 잘 보이는 신호등과 표지판의 사양을 정할 때 등과 같이 일상에서 빛의 밝기를 재는 단위가 쓰일 때는 항상 사람이 중심에 있다. 수많은 단위들 중 이렇게 사람에게 미치는 영향을 기준으로 정의하고 사용되는 인간적인 단위는 아직 많지 않은 편이지만, 과학기술이 우리 삶에 미치는 영향이 커질수록 점점 늘어날 것으로 예상한다.

인간적인 단위 중에 일기예보에서 듣는 자외선 지수도 있다. 자외선이 사람의 피부에 나쁜 영향을 미치고 손상을 줄 수 있기 때문에, 그 정도를 1(낮음)부터 10(높음)까지 숫자로 표시한 것이다. 피부가 약하거나 예민한 사람들, 특히 자외선 알레르기가 있는 사람들은 이 자외선 지수에 유의해 피부의 노출을 조절하라고 안내해주는 것이다.

또 최근 관심이 높아지고 있는 인간적인 단위로, 방사선이 건강에 미치는 영향을 측정할 때 사용하는 시버트(기호: Sv)가 있다. 시버트는 물리적인 방사선이 인체에 미치는 생물학적 효과를 반영한 것으로, 어느 정도의 방사선에 노출되면 건강에 해로운지를 알려주는 척도를 만들 때 중요한 단위이다. 시버트는 인체의 부위별로 유효 피해를 짐작할 수 있도록 각각 가중치를 산정해서 흡수되는 방사선의 양에 곱해준 값이다. 이를테면 고환이나 난소 같은 생식기관의 가중치는 피부의 20배 정도로 높게 책정되어 있는데, 이는 방사선이 피부보다 생식기관에 훨씬 더 큰 피해를 끼친다는 뜻이 된다.

또 방사선의 종류에 따라서도 가중치가 다르다. 방사선의 세 종류인 알파, 베타, 감마선 중에서 알파선의 가중치는 감마선의 20배이다. 알파선이 가장 인체에 큰 피해를 끼치기 때문에 방출량이 같더라도 시버트로 표시되는 수치는 다르게 표현된다.

우리는 자연 상태에서도 일정 수준의 방사선에 노출되어 있지만, 최근에는 여러 인공적인 원인으로 노출이 증가하여 건강에 위협이 되고 있다. 따라서 1년간 누적된 개인별 방사선 피폭량을 시버트 단위를 사용하여 관리하는 것이 중요하다. 한국인의 평균 자연 방사선량은 연간 3 mSv(밀리서버트) 수준이고, 개인 종합검진 1회당 노출량은 2.5 mSv 정도라고 한다. 1 mSv는 0.001 Sv이다. 자연방사선과 의료 검진 등을 제외하고 일상생활에서 국제적으로 권고되는 연간 1인당 방사선 피폭량 한도는 1 mSv인데, 서울-뉴욕 항공기 왕복에 0.15 mSv, 흉부 엑스선x-ray 촬영 1회에 0.04 mSv, 흉부 CT 1회에 6~18 mSv 정도의 방사선에 노출된다고 한다. 원자력 관련 종사자의 연간 허용치는 20 mSv이다. 담배 1갑을 날마다 1년간 피우면 담배 내에 포함된 방사성 물질 폴로늄 때문에 약 100 mSv의 피폭을 받는다고 하니 역시 담배는 끊는 것이 좋겠다.

○°
광선검의 꿈은 아직 유효하다

나를 깜짝 놀라게 한 유튜브의 불기둥 광선검에 대해서 따져보다 보니 빛의 세기와 밝기에 대한 이야기로 이어졌다. 처음 이야기로 다시 돌아가자면, 스타워즈의 광선검은 결국 이루어졌는가? 발상의 전환을 통해 한걸음 전진한 것은 맞지만 우리가 꿈꾸던 그 광선검이 현실이 되었다고 하기에는 아직 부족하다는 것이 나의 결론이다.

사실 다행이다. 꿈은 이루어지는 순간에 사라지는 것이니 광선검의 꿈은 아직 유효한 것이다. 꿈은 상상의 결과이므로 당장에는 실현이 불가능하고 현실과 먼 경우가 대부분이다. 그럼에도 불구하고 꿈은 많은 사람들에게 도전할 수 있는 목표와 방향을 제시해 준다. 영화 속 상상력이 만들어낸 광선검은 이미 30년이 넘도록 많은 사람들의 꿈이 되어주었고, 아직도 많은 과학자들의 목표가 되어주고 있다고 믿는다.

꿈은 현실을 초월하고자 하는 동기를 제공하고 과학자들은 이런 꿈을 실현하기 위하여 현실의 한계를 명확하게 파악하고 이를 뛰어넘을 수 있는 새로운 아이디어를 찾아왔다. 많은 과학기술의 발전과 발명은 이러한 과정을 통해서 이루어졌다고 생각한다. 백열전구는 플랑크 복사법칙에 대한 지식의 결과물이었지만, LED나 레이저는 이 법칙을 초월하고자 하는 꿈의 결과였다.

불기둥 광선검은 나에게 신선한 충격이었고 잊고 있던 과거의 꿈을 일깨워 다시 설레게 해주었다. 광선검이 꼭 싸움을 하고 사람을 다치게 하는 데만 쓰일 필요는 없지 않은가? 그렇다면 또 다른 새로운 개념의 광선검을 생각할 수 있지 않을까? 빛을 측정하는 연구를 직업으로 가진 내가 현실의 한계를 뛰어넘고자 도전할 수 있는, 꿈에 대해서 진지하게 고민하는 계기가 되었다.

원자를 세는 단위, 몰라도 되는 몰이 아닙니다

구자용

자연산 복어는 맛이 좋은데 맹독을 품고 있어서 가끔 사람들이 그대로 요리해 먹고 집단 사망했다는 기사가 나오고는 한다. 복어는 전문 요리사가 독이 들어 있는 내장 등의 부분을 빼고 요리해야 한다.

　기괴한 탐미주의자들이 많은 일본에는 복어의 독을 즐기는 특별한 사람들이 있다고 한다. 프로 미식가의 세계에 들어선 사람은 복어의 고기만으로는 성에 차지 않아서 독을 맛보기 시작한다. 약간의 독을 넣고 요리한 복어를 먹은 후 여기저기 신경이 마비되면서 오는 얼얼하고 짜릿한 감각을 즐기는데 술이나 마약에 취한 것 이상의 극한 느낌을 준다고 한다. 이런 사람들을 위한 전문 복어 요리사도 당연히 있는데 손님에게 접대하려면 요리사가 먼저 먹어 보고 중독의 느낌을 알아야 한다. 경험이 쌓이고 횟수가 거듭될수록 감각은 무디어지고, 다음 단계는 어떨까 하는 호기심으로 독의 농도는 점점 높아 간다. 생과 사를 가르는 담장 위에서 위태로운 곡예를 하던 프로 의식이 충만한 전문 요리사는 필연적으로 어느 순간 치

사량의 경계를 넘는다.

극미한 차이로 한 사람의 목숨이 좌지우지되기도 하는 농도. 이 농도의 측정에는 원자와 분자의 수까지 계산하는 최첨단의 기술이 동원된다. 그리고 그 중심에 우리가 이 글에서 알아볼 단위, 몰(기호: mol)이 있다.

०° 연금술에서 근대 과학으로

"세상은 무엇으로 이루어져 있을까? 도대체 물질의 본질은 무엇인가?"

아득한 옛날부터 지적 존재인 우리 인간을 괴롭혀 왔으며 애초 답이 있으리라고 기대할 수도 없었던 막연하고 불가능한 질문이었다. 고대 그리스의 탈레스는 '물'이 세상의 유일한 원소라고 했고, 엠페도클레스는 '물·공기·불·흙'이 다른 것으로부터 도출될 수 없는 영원한 4원소로, 이것들이 세상 만물을 만든다고 생각했다.

플라톤은 세상에 존재하는 물질적 존재에는 그 원형인 절대적이고 완전하고 본질적인 이데아가 있으며 지상의 세계는 이데아 세계를 흉내 내는 그림자에 불과하다고 말했다. 인간에 대해서도 영혼은 이데아에 속하고 육체는 이데아가 지상에서 잠시 머무는 객체에 불과한 것으로 봤다. 이러한 이원론적 사고는 여러 분야에 영향을 미쳤는데, 천문학에도 '이데아의 천상계'와 '그림자의 지상계'의 분리는 그대로 반영되었다. 즉 천상에 있는 해와 달과 별들은 순수하고 완전하고 스스로 빛을 내는 영원한 존재들인 반면에 지상에 있는 인간을 비롯한 동식물과 사물들은 모두 흠이 있고 일시적인 존재들이라는 것이었다.

지상의 물질들은 대체로 탁한 색에 누추하게 보인다. 각양각색인 지상의 물질들이 겉보기에는 너무나 다양한 형상을 가졌지만 어쩌면 이들의 본질은 몇 가지 공통의 원소로 구성되었을지도 모른다고 사람들은 생각했다. 얼음, 눈, 구름, 비, 안개, 바닷물, 이슬 등은 형태는 다르지만 모두 순수하고 투명한 물로 되어 있다. 또 시멘트와 모래의 비율이 90 : 10인 벽돌과 10 : 90인 벽돌은 서로 전혀 다른 물질처럼 보이지만 같은 성분들이 비율만 다르게 구성되어 있다. 마찬가지로 세상 만물은 아주 기본적인 몇 가지의 원소들이 조합만 다르게 배합되어 만들어져 있을 것이라는 믿음이다.

세상 만물이 몇 가지의 공통 원소로 구성되어 있고 이들의 배합이 달라져서 여러 가지 물질들로 존재한다면, 이들 원소의 성분을 인위적으로 변화시켜 한 물질을 다른 물질로 바꿀 수도 있을 것이다. 납과 금은 금속이고, 광택이 있고, 무겁고, 무르다는 등의 공통 특성들을 여럿 가지고 있다. 혹시 어떤 특별한 원소가 환경에 따라 납과 금으로 형태를 바꾸며 존재하는 것은 아닐까? 그래서 값싼 물질을 처리하여 금으로 바꿀 수 있는 연금술을 찾기 시작했다. 그 과정에서 여러 가지 기술들이 개발되었고 많은 화학 물질들도 만들어졌다. 연금술에는 '현자의 돌'이라는 개념이 있었는데,

사람의 젊음을 되찾거나 어떤 물질을 다른 물질로 바꾸는 힘이 있는 마법의 돌로 여겨졌다. 현자의 돌로 값싼 금속을 금으로 바꾸었다고 선전하며 사기를 치는 사람들도 많았다. 1997년에 영국에서 출간된 '해리포터 시리즈' 제1권의 제목은 'Harry Potter and the Philosopher's Stone'으로 '해리포터와 현자의 돌'인데 한국에는 '해리포터와 마법사의 돌'로 번역되어 있다.

이데아의 천상계와 그림자의 지상계를 구분하는 이원론이 깨지기 시작한 것은 갈릴레이가 망원경을 만들어 밤하늘을 꼼꼼하게 관찰한 이후부터다. 목성 옆의 4개의 작은 별이 지구가 아니라 목성 주위를 돈다는 것이 관찰되었고, 금성은 지구가 아니라 해의 주위를 돌고 있었으며, 매끈하게 은빛으로 빛나는 달의 표면에는 지상에서처럼 험하고 거친 산과 구덩이들이 잔뜩 있었다. 지구는 우주의 중심이 아니었고 천상계의 물질과 지상계의 물질들 사이에는 전혀 차이가 없었다. 이후 뉴턴은 천상에 존재하여 신의 섭리를 따른다고 생각되었던 행성들의 신비하고 복잡한 운행을 지상의 운동 법칙을 적용하여 간단하게 풀었다.

지상계와 천상계의 운동법칙을 통일하고 역사상 가장 위대한 물리학자가 된 뉴턴은 다음에는 지상의 물질 세계에 관심을 돌려 당시의 화학이었던 연금술에 많은 시간을 투자했다. 그러나 연금술에서는 전혀 성과를 내지 못했는데 물질을 처리하는 당시의 기술 수준이 너무 낮았기 때문이다. 정밀한 실험들을 거쳐 연금술의 허점이 밝혀지기 시작한 것은 뉴턴의 시대에서 100년이 더 지나서였다.

○° 원소들의 발견

구리, 납, 금, 은, 수은, 주석, 황 등은 화학적 반응성이 매우 낮아서 자연에서 쉽게 추출되었기 때문에 수천 년 전부터 인류가 사용해 왔다. 그러나 이들이 원소라고는 생각되지 않았으며 4원소설은 17세기까지도 통용되었다.

18세기 후반부터 더욱 정밀하고 정량적인 측정 기술이 개발되면서 화학에 혁명적 전환이 왔다. 수소가 발견된 후 수소가 공기 중에서 타서 물이 되는 것을 증명하자, 당시까지 원소라고 여겨졌던 물은 화합물이며, 오히려 이 기체가 물을 만드는 원소라는 것이 밝혀졌다. 산소가 발견된 후 공기의 질량을 정밀하게 측정해 보니, 순수한 하나의 원소라고 여겨졌던 공기에는 적어도 두 가지 기체가 있다는 것이 밝혀졌고, 질소가 발견되었다. 플로지스톤이라는 가상의 원소가 불꽃을 만든다고 생각되었으나, 연소 전후의 기체의 무게까지 정밀하게 측정하는 실험을 통해 연소는 물질과 산소와의 화학적 결합이라는 것이 밝혀졌다.

이런 정밀한 실험들을 통해 4원소설은 무너졌고 합리적이고 새로운 과학이 자리를 잡기 시작했다. 같은 시기 동양의 과학과 비교하면 엄청난 진전이었다.

다른 한편에서는 더욱 발전된 열적 기술과 화학적 기술로 수많은 재료들이 처리되었고, 그 과정에서 분리된 염소나 인 등의 순수한 물질들과 이미 일상생활에서 쓰이고 있던 구리, 납, 금, 은, 수은, 탄소, 철, 주석, 황 등의 물질들도 철저한 시험을 거쳐 원소로 편입되었다. 18세기와 19세기를 거치면서 과학자들의 치열한 경쟁 속에 마치 사과나무에서 사과들이 툭툭 떨어지듯이 새로운 원소들이 계속 발견되었고, 이것들은 다른 과학자들의 검증을 거쳐 영국왕립학회, 프랑스과학아카데미 등 각종 학회에 등록되었다. 당시에는 어떤 물질이 가혹한 열적·화학적 처리에도 더 이상 분해되지 않으면 원소로 인정되었으므로, 이때까지 원소로 분류된 물질들이 완벽하지는 않았다.

원소들을 높은 온도로 가열하면 원소 고유의 빛이 난다. 구리(Cu)에서는 초록색이, 나트륨(Na)에서는 노란색이, 리튬(Li)에서는 빨간색이, 칼륨(K)에서는 보라색이 나온다. 이 특성을 이용하여 오래전부터 불꽃놀이에서 화려한 색을 내기 위해 다양한 원소들이 쓰였고, 오늘날에는 네온사인이나 가로등에도 여러 가지 원소들이 적재적소에 널리 쓰인다. 가열된 원소에서 나오는 빛을 분광기分光器[1]에 통과시키면 그 빛 안에 들어 있는 여러 가지 색들이 파장에 따라 공간적으로 분리된다.

---

1 파장이 다른 빛은 다른 경로로 향하도록 해서 빛을 파장에 따라 나누는 장치. 최초의 분광기는 뉴턴이 사용한 유리 프리즘이었는데, 햇빛을 프리즘에 통과시켰더니 그 안에 들어 있던 다양한 파장의 빛들이 서로 다른 경로를 통과해서 공간에 무지개 색으로 펼쳐졌고, 뉴턴은 백색광으로 보이는 햇빛 안에 여러 가지 색들이 존재한다고 최초로 주장했다.

선명한 스펙트럼[2]을 얻기 위해서는 원소를 높은 온도로 가열해서 밝은 빛을 내야 하는데 당시에 사용되던 가스를 태우는 버너burner들은 낮은 온도의 주황색 불꽃만 낼 수 있었다. 독일의 분젠(1811~1899)은 이전에 사용되던 가스버너에 산소를 추가로 공급하여 고온의 파란색 불꽃을 내는 분젠버너를 개발했고 이것으로 엄청난 부와 명성을 얻었다. 분젠은 높은 온도로 가열된 원소에서 나오는 밝은 빛을 분광기를 통해서 파장별로 정밀하게 관찰할 수 있었다. 원소에서 나오는 스펙트럼은 마치 사람의 지문처럼 각 원소의 고유한 특성을 나타냈고 그때까지 발견된 원소들의 분광 특성이 정리되었다. 이를 통해 이전의 잘못된 분류들이 수정되고 거짓으로 새로운 원소를 발견했다는 주장들이 걸러졌으며, 또 새로운 특성을 가지는 어떤 물질이 새 원소인지 아니면 두 가지 이상의 원소들이 결합한 화합물인지 쉽게 확인할 수 있게 되었다.

시간이 지나면서 각 원소 고유의 특성들이 체계적으로 정리되었다. 가령 금(Au)은 노란색의 광택을 가지는 고체 금속으로 화학적으로 거의 반응하지 않고 녹는 온도는 1064.18 ℃이며, 수은(Hg)은 상온에서 은색의 광택을 가지는 액체 금속으로 밀도는 13.534라고 하는 식이다.

원소들의 고유한 특성들 가운데 중요한 지표는 원자량이다. 19세기까지는 원자라는 것이 실제로 존재하는지 확신이 없었으므로 단

---

2 빛을 분광기로 분해했을 때 파장에 따른 성분의 크기를 나타낸 것. 파장의 크기를 그래프로 나타내면 분석하기에 편리하다.

일 원자의 질량이 어느 정도일지는 어림짐작도 할 수 없었다. 그러나 원소들 사이의 상대적인 질량은 상호 비교실험을 통해 정밀하게 측정되고 있었다. 수소가 가장 가벼운 원소이므로 편의상 수소의 원자량을 1로 두고, 다른 원소가 수소보다 무거운 정도를 나타내는 수치를 그 원소의 원자량으로 표시했다. 예를 들면, 산소의 원자량은 15.9994이다. 정성적으로 표시되는 다른 특성들과 달리 원자량은 소수점 이하까지 정밀한 수치로 표시될 수 있어서 서로 비교하고 사용하기 편리했다.

계속되는 과학과 기술의 발전으로 더욱 많은 새로운 원소들이 발견되었고 멘델레예프(1834~1907)가 1869년에 주기율표를 만들었을 때 62종의 원소가 표에 올랐다.

○° 돌턴에서 아보가드로까지

원자론이 등장하기 이전에는 원소는 연속적인 물질로 다른 원소들과 임의의 양으로 배합이 가능한 것으로 생각되었다.

혼합물인 소금물을 생각해 보자. 소금은 물에 잘 녹아서 20 ℃의 물 100 g에 약 36 g까지 녹는다. 20 ℃의 물 100 g에 소금 1 g을 녹이면 아주 묽은 소금물이 되고, 소금 10 g을 녹이면 10배 진한 소금물이 되며, 소금 36 g을 녹이면 가장 진한 소금물이 된다. 이렇게 농도가 다르다 해도 이들은 모두 짠맛을 내는 균일한 소금물이다.

탄산구리($CuCO_3$) 같은 화합물도 이처럼 구성 원소인 구리(Cu)와 탄소(C)와 산소(O)의 비율이 다양하게 가능할 것으로 생각되었다.

1799년에 프랑스의 프루스트(1754~1826)가 자연에 존재하는 탄산구리와 실험실에서 만든 탄산구리 모두가 구리 : 탄소 : 산소 = 5 : 1 : 4의 같은 질량비를 가진다는 것을 발견했다. 이를 통해 같은 종류의 화합물 속에 포함된 원소의 질량비는 제조 방법과 관계없이 항상 일정하다는 '일정 성분비의 법칙'을 발표했다. 그러나 당시 사람들의 상식에서 볼 때 이것은 매우 터무니없는 이론으로 여겨졌고 일류 과학자들의 격렬한 반발에 부딪혔다.

프루스트의 발견 3년 뒤, 영국의 돌턴(1766~1844)은 탄소와 산소처럼 두 원소가 결합하여 화합물을 만들 때 탄소의 일정한 양과 결합하는 산소의 양은 CO(일산화탄소)나 CO_2(이산화탄소)에서처럼 항상 정수비를 이룬다는 것을 발견하고 '배수비례의 법칙'을 발표했다. 만약 모든 물질이 더 이상 쪼개지지 않는 알갱이인 원자로 이루어졌다고 가정하면 배수비례의 법칙은 쉽게 이해된다. 모든 화합 결합은 원자와 원자의 결합이므로 탄소 원자 하나와 결합하는 산소 원자는 하나 아니면 둘 또는 셋과 같이 정수를 이룰 수밖에 없다. 이를 바탕으로 돌턴은 1803년에 '같은 종류의 원자는 크기와 질량 등의 특성이 같으며, 서로 다른 원자들이 일정한 개수비로 결합하여 새로운 물질이 만들어진다'는 원자설을 제안했다. 그러나 아직 소금물과 같은 혼합물과 탄산구리와 같은 화합물의 구별도 없던 시절이라 원자론은 쉽게 받아들여지지 않았다.

그로부터 5년 뒤 프랑스의 게이뤼삭(1778~1850)은 질소와 산소를 반응시켜 일산화질소(NO)를 만드는 실험에서 질소 : 산소 : 일산화질소 사이의 부피 비율이 1 : 1 : 2가 되는 것을 발견하고 '기체 반응의 법칙'을 발표했다. 같은 온도와 압력 상태에서 기체 사이의 반응을 통해 새로운 기체가 생성될 때, 반응에 참여하거나 생성된 기체 사이의 부피비가 간단한 정수비로 나타난다는 것이다.

그러나 원자론을 주장한 돌턴은 이 주장에 반대했다. 돌턴은 수소 기체는 수소 원자 하나로, 산소 기체는 산소 원자 하나로 이루어졌다고 생각했기 때문이다. 수소와 산소가 2 : 1의 부피 비율로 반응하여 부피 비율 2의 수증기가 생성되려면 산소 원자가 반으로 쪼개져야 하는데, 그것은 원자는 정수비를 이루며 결합한다는 원자론과 맞지 않았던 것이다.

돌턴의 원자론과 게이뤼삭의 법칙을 모두 만족시키는 가설을 제안한 사람이 이탈리아아아의 아보가드로(1776~1856)이다. 그는 집안 전통에 따라 법률을 공부해서 법학 박사학위까지 받았는데 나중에 수학과 물리학을 접하고 평생의 진로를 바꾸었다. 아보가드로는 1811년 수소와 산소 기체를 구성하는 입자로 수소와 산소의 원자가 2개씩 결합한 H_2와 O_2를 제안했으며, 같은 온도와 압력에서 같은 부피 안에 존재하는 기체 입자의 수는 기체의 종류와 관계없이 같다고 했다. 그러나 아보가드로의 가설은 당시의 화학자들에게 받아들여지지 않았다. 그들은 양(+)전하를 띠는 양이온과 음(-)전하를 띠는 음이온 사이의 정전기적 인력처럼, 서로 반대의 성질을 가지는 입자끼리 화학 결합을 한다고 믿었다. 따라서 서로 반발할 것으로 생각되는 같은 성질의 두 원자가 결합한다는 주장을 받아들일 수 없었고 아보가드로의 가설은 그가 죽을 때까지 인정받지 못했다.

아보가드로가 죽고 4년이 지난 1860년 독일 카를스루에에서 최초의 국제화학회의가 개최되었다. 이 회의에서 아보가드로의 제자 칸니차로(1826~1910)는 아보가드로의 가설을 받아들일 것을 주장했다. 실험 결과, 수소 기체를 구성하는 입자의 질량이 수소 원자 질량의 2배인데 그 이유는 수소 기체의 분자(H_2)가 두 개의 수소 원자(H)로 이루어졌으며, 기체의 종류와 관계없이 다른 기체들도 같은 온도, 같은 부피, 같은 압력에서 같은 수의 입자를 가지고 있기 때문이라고 설명했다. 50여 년 전에 제안되었던 아보가드로 가설이 그동안의 과학 발전으로 비로소 인정되면서 마침내 화학의 혼란이 정리되었고, 다른 기체들의 분자량, 즉 분자의 상대적인 질량도 바로 결정되었다.

몰 단위의 등장

서양의 과학에서 주목할 점은 정밀한 측정과 정량적인 분석이 큰 역할을 했다는 것이다. 특정한 현상이나 새로운 발견이 보고되면 여러 가지 가정과 이론이 제안되고, 정밀하고 정량적인 실험과 검증을 통해 그중 하나가 올바른 이론으로 확립되면, 그 위에 다음 단계의 이론들이 튼튼하게 쌓이면서 근대 과학의 비약적인 발전이 이루어졌다. 막연하고 정성적인 추정으로 제자리에 머물렀던 동양의 과학을 한참 앞지른 배경이다.

황산이나 염산과 같은 약품은 쇠를 녹이고 살을 태우는 독극물로 오래전부터 공업적으로 이용되어 왔고, 연금술사들도 다양한 물질들의 변환을 위해 즐겨 사용했다. 산과 반대 방향으로 역시 독극물인 양잿물과 같은 알칼리는 산을 중화할 수 있다. 1792년 리히터는 '당량의 법칙'을 제안했고, 황산 1000 g에 대응하는 산과 염기의 당량표를 만들었다. 이 결과에 의하면 1000 g의 황산을 중화시키기 위해서는 859 g의 수산화나트륨이나 1605 g의 수산화칼륨이 필요했고, 또 이에 대응하는 염산의 양은 712 g이었다.

같은 논리와 방법으로 울러스턴은 원소들 사이의 당량을 만들었다. 원소들이 결합하여 화합물을 만들 때 산소를 표준값인 10으로 잡고 이와 반응하는 다른 원소들의 상대적 무게를 표시했다. 당량은 실험으로 쉽게 측정할 수 있었으나 최종적으로 원자량을 결정하려면 결합하는 원자들의 수를 알아야 했다. 어떤 원소의 원자가 다른 원자와 단일 결합을 얼마나 만들 수 있을까 하는 것을 나타내는 수를 원소의 원자가라고 한다. 예를 들어 H_2, HCl, H_2O를 보면 1개의 수소 원자는 다른 원자 1개 이상과는 결합할 수 없다. 따라서 수소의 원자가를 1가로 정하면 염소의 원자가도 1가이고 산소의 원자가는 2가로 된다. 여러 가지 교차 실험을 통해 원소들 사이의 상대적인 질량, 즉 원자량이 결정되었다.

처음에 돌턴은 가장 가벼운 수소 원자의 원자량을 1.00으로 두고 다른 원자의 질량이 수소 원자 질량의 몇 배인가를 나타내는 상대적 질량으로 원자량을 나타냈다. 그 후 스웨덴의 화학자인 베르셀리우스가 산소의 원자량을 100이라 정하고 이를 기준으로 삼았으며, 다시 벨기에의 스타스가 수소보다 대략 16배 무거운 산소의 원자량을 16.00으로 기준으로 삼고 나머지 원소의 원자량을 결정했다. 산소가 수소보다 훨씬 더 많은 물질과 결합하므로, 각 원소의 원자량을 실험으로 정밀하게 측정하기 위해서는 산소를 원자량의 기준으로 삼는 것이 더 편리하기 때문이다.

각 원소의 원자량은 그 원소의 상대적인 질량을 나타내므로 같은 수의 원자를 취하려면 원자량이 나타내는 수치만큼의 질량을 취하면 된다. 즉 수소 1 g 안에 들어 있는 수소 원자의 수와 산소 16 g 안에 들어 있는 산소 원자의 수는 거의 같다고 볼 수 있다. 또 이런 자료를 바탕으로 수소 2 g과 산소 16 g을 반응시키면 남는 것 없이 18 g의 물이 생긴다는 결과에서, 물의 조성은 수소 원자(H)가 산소 원자(O)보다 2배 많은 H_2O라는 것도 알게 되었다.

여러 실험적 증거에 의해 원자나 분자의 개념이 받아들여지면서, 이제 세상의 물질은 무한히 작고 연속적인 것이 아니라 매우 작지만 어느 정도의 크기와 질량을 가지는 불연속적인 알갱이들로 존재한다는 것으로 개념이 바뀌었다. 그러나 원자나 분자가 존재한다는 데는 대체로 동의했으나, 원자 1개의 질량은 아직도 알 수 없었다.

비록 일정한 질량의 물질 안에 도대체 몇 개의 원자나 분자가 있는지 알 수 없었으나 실험을 하거나 과학자들 사이에 정보 교환을 위해서는 편리하게 사용할 수 있는 그램 수준의 거시적 단위가 필요했다. 그래서 나온 단위가 몰(기호: mol)이다. 편의상 가장 가벼운 수소 원자(H) 1 g을 1 mol로 정했다. 그러면 수소 분자(H_2) 1 mol은 2 g이 되고 산소 원자(O) 1 mol은 16 g이 된다.

1897년에는 구체적으로 산소 기체를 이루는 분자(O_2)의 질량은 수소 원자의 32배이므로 산소 기체 32 g을 편의상 표준질량으로 채택하고 이것을 1 mol이라고 했다.

20세기 초까지 각 원소는 모두 같은 특성을 가진 한 종류의 원자만으로 이루어졌다고 여겨졌으나, 자연계의 산소를 정밀하게 측정해 보니 원자량이 다른 안정한 3종의 동위원소 ^{16}O, ^{17}O, ^{18}O가 99.76 %, 0.04 %, 0.20 % 정도의 비율로 구성되어 있다는 것이 알려졌다. 화학자들은 전통적으로 공기 중의 산소를 이용하여 저울로 무게를 잴 수 있는 정도의 많은 양의 화합물들을 만들고 다루어 왔고, 동위원소들의 존재가 알려진 후에도 기존의 입장을 그대로 유지했다. 즉 ^{16}O, ^{17}O, ^{18}O의 세 동위원소의 원자량들을 평균한 원자량을 16.000 00으로 정하여 산소의 원자량으로 쓴 것이다. 그러나 물리학자들은 주로 낱개의 원자핵을 이용하여 실험했으므로 질량이 다른 산소의 동위원소들을 별개로 취급했고 ^{16}O 원자 하나의 원자량을 16.000 00으로 삼았다. 물리적 원자량과 화학적 원자량의 비는 1.000 272 정도이므로 초기에는 이것이 큰 문제가 되지 않았으나 20세기 후반에 들어와서 과학과 산업의 기술 수준이 높아짐에 따라 그 불합리함과 불편함이 차츰 커졌고, 더 확실한 몰의 기준이 필요해졌다.

그래서 이전까지 사용되던 원자량의 기준을 크게 깨지 않는 범위에서 사용할 수 있는 다른 원소를 찾았는데, 자연계에 존재하는 탄소 동위원소(^{12}C, ^{13}C, ^{14}C) 중 98.9 %를 차지하는 ^{12}C가 좋은 후보가 되었다. 그래서 1961년에 국제순수응용물리학연맹과 국제순수응용화학연맹에서 ^{12}C의 원자량을 12.000 00이라고 기준으로 잡아서 새로운 원자량을 발표하고 국제원자량위원회가 채택하여 국제원자량이 탄생했다.

그리고 ^{12}C 원자들이 모여서 12.000 000 g이 되는 탄소의 양을 1 mol로 재정의했다.

○°
원자의 발견과 양자역학

1860년대까지 많은 원소들이 발견되었고 이들의 특성과 원자량까지 정밀하게 측정되었다. 이제 세상에는 4원소가 아니라 수많은 원소가 존재한다는 것이 밝혀졌다. 그러나 물질에 대한 본질적인 의문들이 풀리기는커녕 더 많은 의문이 생겼다.

"세상에는 왜 이렇게 많은 종류의 원소가 존재하는가? 서로 다른 원소들의 물리적 화학적 성질과 원자량은 왜 다른가?"

절대로 답이 나올 수 없을 것 같은 이런 철학적이고 본질적인 질문들은 19세기 말부터 행해진 정밀한 실험들과 그 측정 결과들을 이해하기 위해 20세기 초에 개발된 양자역학으로 답을 얻게 되었다.

양자역학이 밝혀낸 모든 종류의 원자는 가운데에 양전하를 가진 작고 무거운 원자핵이 있고 멀리 바깥에 가벼운 전자들이 구름처럼 둘러싸고 있는 구조로 되어 있다. 원자는 전기적으로 중성을 유지하므로, 원자핵의 역할은 강한 전기력에 의해 양성자의 수와 같은 수의 전자들을 모아서 주위에 묶어두는 것이다. 원자에 전자들이 많아지면 이들은 서로 배척하여 여러 개의 껍질이 있는 다층구조를 만들며 가장 바깥 궤도에 존재하는 최외곽 전자의 수에 의해 원소의 화학적 성질이 결정된다. 원자핵에 양성자가 하나씩 늘어날 때마다 전자도 하나씩 늘어나서 새로운 원소가 하나씩 생긴다. 그래서 세상에 화학적 성질이 다른 많은 원소가 존재하는 것이다.

멘델레예프는 주기율표를 만들 때 당시까지 알려졌던 62종의 원소를 원자량이 증가하는 순서로 배열했으나, 비슷한 화학적 성질이 주기적으로 나타나는 것을 고려해서 현명하게도 어떤 칸은 빈칸으로 남겨두기도 하고, 또 어떤 경우에는 원자량의 크기를 무시하고 순서를 바꾸기도 했다. 주기율표에서 원자번호 18번인 아르곤(Ar)과 19번인 칼륨(K)의 경우 원자량이 역전되어 있고 원자번호 27번인 코발트(Co)와 28번인 니켈(Ni)도 마찬가지다. 그러나 20세기에 들어와서도 여전히 왜 이렇게 원자량의 역전이 일어나는지, 왜 이런 예외가 생기는지 아무도 이해할 수 없었다.

원자핵을 발견한 러더퍼드(1871~1937)의 제자였던 영국의 모즐리(1887~1915)는 1913년 엑스선x-ray을 이용하여 화학적 성질을 결정하는 전자의 수를 측정했다. 이로써 원자들은 전자의 수, 즉 원자번호에 따라 주기율표에서 확실하게 제자리를 잡게 되었다. 원자번호는 1, 2, 3, 4, 5 … 처럼 수소의 1부터 시작하여 우라늄의 92까지 1씩 증가하는 자연수이므로 때때로 불규칙하게 변하거나 역전이 일어나는 원자량보다 훨씬 명쾌했다. 모즐리는 노벨상을 받고도 남을 업적을 냈지만, 제1차 세계대전 중 1915년 갈리폴리 전투에서 27세에 전사했다. 젊은 천재의 안타깝고 비극적인 죽음을 계기로 영국에서는 과학기술자 병역특례 제도가 시행되기 시작했다.

원자량은 원자의 질량을 나타내는 매우 중요한 특성이지만, 하필이면 왜 그 값을 가지는지도 이해할 수 없는 수수께끼였다. 헬륨 원자(He)는 전자를 2개 가지는데 원자량은 전자가 1개인 수소의 2배가 아니라 4배로 훌쩍 뛴다. 더 무거운 다른 원소들의 원자량도 때로는 불규칙하게 변했다. 또 화학적 성질이 같아서 주기율표에서 같은 위치를 차지하는 동위원소인데 원자량만 다른 것들이 20세기 초에 발견되면서 문제는 더욱 복잡하게 되었다.

이런 혼란 속에서 1932년 영국의 채드윅(1891~1974)이 양성자보다 약간 무거운 중성자를 발견했고 마침내 우주의 원자들은 모두 '양성자와 중성자와 전자'의 3가지 입자로 구성된다는 것을 알게 되었으며, 드디어 원자량의 본질을 이해하게 되었다. 양성자들이 좁은 원자핵 안에 들어가려면 그들 사이의 강한 전기적 반발력을 무마할 중성자들이 필요하다. 따라서 양성자가 2개 이상이 되면 비슷한 수의 중성자들도 원자핵에 들어 있어야 하고, 이들은 중력이나 전자력보다 강한 강력(핵력)이라는 힘으로 결합한다. 헬륨의 원자핵은 양성자 2개에 중성자 2개도 포함하므로 원자량은 수소의 2배가 아니라 거의 4배로 된다. 또 양성자의 수가 같고 중성자의 수가 다르면 화학적 성질은 같고, 질량 즉 원자량이 다른 동위원소가 되며 원소에 따라 몇 가지씩의 안정한 동위원소들이 존재한다.

이들 발전은 모두 양자역학에 의한 성과였으나, 양자역학이 과학계에서 처음부터 환영을 받은 것은 아니었다. 뉴턴역학이나 전자기학과 같은 고전물리학은 시시각각 움직이는 물체의 운동을 정확하게 기술하기 위해 인간의 상식과 이성에서 출발했다. 각 단계에서 관찰과 실험의 검증을 거쳐 아래에서부터 위로 건설한 합리적인 학문으로, 인간의 직관에도 부합하며 수학적으로 매우 치밀하고 완벽하게 기술되었다. 반면 양자역학은 원자에서 나오는 스펙트럼 등의 측정 결과를 설명하기 위해 위에서부터 아래로 추론해서 만들어간 학문으로, 측정할 수 있는 물리량은 원자에서 나오는 분광 등의 최종 결과뿐이며 원자 안에서 전자가 어떻게 움직이는지 등은 측정할 수 없다.

따라서 양자역학의 원자 모델에는 인간의 상식과 맞지 않고 증명되지 않은 가정이 많이 들어가 있고, 수학적 형식은 매우 허술했다. 가령 덴마크의 물리학자 보어(1885~1962)는 처음 원자 모델을 제안할 때 전자가 하나의 안정한 궤도에서 다른 궤도로 이동하면 에너지를 흡수하거나 방출한다고 가정했다. 고전물리학 체계에서는 이런 제안을 하려면 전자가 궤도를 이동해 가는 중간 과정도 완벽하게 설명해야 했다. 그러나 보어는 이동 과정을 수학적으로 기술하지 못하고 그냥 그래야 한다고 가정만 했다. 이후 파울리의 배타원리나 하이젠베르크의 불확정성 원리 등이 도입되었을 때도 마찬가지였다.

하라는 공부는 착실하게 하지 않고 양자역학을 개발한다면서 소란을 일으키며 몰려다니는 젊은이들의 이런 뻔뻔스러움은 고전물리학의 대가들을 격분시켰다. 기성의 대가들이 볼 때 이런 인간들은 물리학의 기초도 제대로 배우지 못하고 유사 과학이나 쫓아다니는 얼간이들이었다.

철학자이자 양자역학의 대부였던 보어와 양자역학을 반대했던 아인슈타인 사이에 벌어진 논쟁은 유명하다. 뉴턴역학이나 상대성이론처럼 오차를 전혀 인정하지 않는 완벽한 이론 체계에 익숙했던 아인슈타인에게, '불확정성 원리'가 횡행하며 입자의 위치가 미심쩍은 확률로 계산되는 양자역학은 아직 믿을 수 없는 미완성의 졸작으로 보였다. 아인슈타인은 양자역학의 기본 가정 몇 개를 엮으면 상식적으로 말도 되지 않는 결론이 나오는 경우들을 제시하면서 양자역학이 엉터리가 아니냐고 했다. 이에 맞서 보어가 우리의 우주에서는 놀랍게도 그런 비상식적 결론이 옳다는 것을 보여주었고, 양자역학은 거침없이 영역을 확장해 나갔다. 1920년대 말 3년 동안의 짧은 기간에 젊은 영웅들이 양자역학의 중요한 부분을 모두 완성해 버렸고, 이 새로운 분야에 뒤늦게 들어온 사람들에게는 훨씬 비중이 떨어지는 시시한 과제들만 남아 있었다.

토머스 쿤은 『과학혁명의 구조』에서 기성세대는 과학혁명의 놀랍고 새로운 결과들을 절대 받아들이지 않는다고 했다. 과거의 가치관을 고수하는 기성세대가 모두 죽고 새로운 세대가 새로운 결과들을 받아들여야 과학혁명이 완성되는 것이다.

생소한 양자역학 이론이 너무나 엉터리라서 받아들일 수 없다는 기성세대의 반발에도 불구하고 그 성과는 눈부셨고, 물리학에 새롭게 진입하는 젊은 세대들은 신통한 결과를 내는 양자역학을 미심쩍게 보면서도 그럭저럭 받아들였다. 양자역학은 한편으로는 핵과 반도체 등의 새로운 학문 분야를 만들어 20세기 이후 인류 문명의 발전을 주도했고, 다른 한편으로는 "물질이란 무엇인가?"라는 고대로부터의 철학적이고 본질적인 질문에 대한 답을 제공했다. 이런 질문들은 아무리 고민하고 노력해도 인간의 이성만으로는 절대 답을 알 수 없는 것이었다.

○°
아보가드로 수의 측정

다시 몰 이야기로 돌아오자. 물질의 덩어리 1 mol의 양은 정해졌는데, 1 mol의 물질 안에 실제로 몇 개의 입자가 존재하는가?

해운대 백사장의 모래알을 세라는 것처럼 아무도 답할 수 없었던 이 허황한 질문에 1865년 오스트리아의 로슈미트(1821~1895)

가 이론적으로 처음 구체적인 값을 추정했다. 그를 기리기 위해 1 기압 0 ℃에서 1 cm³의 기체 안에 들어 있는 분자 수를 로슈미트 수라 부르는데, 나중에 실험적으로 측정된 값의 1/30 정도였다.

그로부터 44년 뒤에 프랑스의 페랭(1870~1942)은 실험을 통해 일정한 부피 안에 들어 있는 기체 분자의 수를 결정하게 된다. 이 업적으로 노벨상을 받았는데, 어떤 실험이었을까? 그 실험을 살펴보기 전에 우선 알아야 할 게 있다.

지상에서 위로 올라가면 중력에 의해 공기압은 지수함수적으로 급격하게 줄어든다. 또 압력이 반으로 감소하는 데 필요한 높이는 기체의 분자량에 반비례한다. 산소의 경우, 압력이 반으로 감소하는 높이는 5 km이다. 만약 수소만으로 된 공기라면 수소는 산소의 1/16의 무게이므로 압력이 반으로 되는 높이는 80 km가 된다.

프랑스의 페랭은 고무나무 수지를 물과 섞어 에멀션 입자를 만들고 원심분리로 직경이 약 0.001 mm인 균일한 입자들을 골라냈다. 이들을 물에 넣고 용기에 수직 방향으로 채운 후 현미경으로 입자의 밀도가 반으로 감소하는 높이를 측정했더니 0.01 mm 정도였다. 그리고 에멀션 입자 한 개의 질량을 측정했는데, 산소의 밀도가 반으로 줄어드는 높이인 5 km와의 상관관계를 이용하여 산소 분자 1개의 질량을 계산했다. 1 mol의 산소 기체의 질량을 산소 분자 1개의 질량으로 나누면 그 안에 들어 있는 산소 분자의 수가 되고, 1909년 이렇게 구한 값은 6.8×10^{23}이었다. 페랭은 이 수에 아보가드로를 기려 '아보가드로 수'라는 이름을 붙였고, 이 업적으로

1926년 노벨물리학상을 받았다.

이외에도 아보가드로 수를 결정하는 실험 방법은 여러 가지가 있으나 좋은 값을 얻기 위해서는 결국 특정한 원소의 1 mol의 질량을 매우 정밀하게 측정해야 한다.

자연계의 원소들에는 원자량이 다른 안정한 동위원소가 두 가지 이상씩 존재하므로 특정 원소의 질량을 측정할 때 불확실성을 피하기 어렵다. 그래서 최근에는 한 종류의 동위원소만을 농축하여 질량 측정에서의 불확실성을 더욱 줄이는 방법을 쓰고 있다.

1 mol 안에 들어 있는 입자의 수인 아보가드로 수를 더 정밀하게 측정하려는 '아보가드로 프로젝트'가 프랑스, 이탈리아, 벨기에, 미국, 오스트레일리아, 일본, 영국, 독일 등이 참가해서 2004년부터 2011년까지 진행되었다. 재료는 실리콘으로 정했고, 동위원소(^{28}Si, ^{29}Si, ^{30}Si, ^{32}Si)에 의한 질량의 불확실성을 줄이기 위해 자연계에 92.2 %로 존재하는 ^{28}Si을 99.995 %까지 농축하여 사용했다. 실리콘을 재료로 쓴 이유는 20세기 후반 이후 엄청나게 발전한 반도체 기술로, 결함이 가장 적고 가장 완벽한 단결정을 큰 모양으로 성장시킬 수 있기 때문이다.

2015년에 최종 결정된 아보가드로 수는 6.022 140 76 × 10^{23}이고, 불확도는 2×10^{-8} 수준이었다. 질량 단위를 규정하는 질량 원기 자체의 측정 불확도가 이 정도 수준이므로 앞으로도 더 이상의 정밀한 측정을 하려는 시도는 의미가 없다.

이렇게 해서 아보가드로 수는 플랑크 상수, 볼츠만 상수, 전자나 양성자의 기본전하 등과 함께 상수로 결정되었고, 2019년 5월 20일부터 효력을 발휘하게 되었다.

○° 우리 주변의 단위, 몰

우리의 일상생활에서 불순물이 전혀 없는 순수한 상태의 물질이 사용되는 경우는 거의 없다. 식수에는 방사성 원소인 라돈(Rn)이 미량 들어 있을 수도 있고, 쌀에는 중금속인 코발트(Co)가 많이 포함되어 있을 수도 있다. 식품에 포함된 허용 농도 이상의 독극물은 인체에 해를 끼친다. 그런가 하면 고성능 전자소자를 만들기 위해서는 반도체 재료인 실리콘의 특정 부분에 의도적으로 극미량의 붕소(B)와 인(P)의 불순물 원자들을 정확하게 제어된 농도로 넣어서 원하는 전기적 특성을 얻어야 한다.

농도를 표시하는 단위에는 여러 가지가 있다. 우리의 일상생활에 익숙한 것은 퍼센트 농도(기호: %)인데, 용액에 포함된 용질의 양을 %로 나타낸다. 가령 농도 40 %인 위스키라면 전체 술의 질량 중에서 에틸알코올의 질량이 40 %를 차지한다는 뜻이다. 퍼센트 농도가 많이 쓰이는 이유는 측정하기 쉽고, 또 이렇게 해도 일상생활에서 아무런 문제가 없기 때문이다. 위스키의 병에 술의 농도(사람들이 보통 '도'라고 말하는)를 에틸알코올의 몰 수로 올바르게 표시하지 않았다고 시비를 거는 결벽증 화학자는 없다.

또 극미량의 농도를 나타낼 때는 ppb parts per billion나 ppm parts per million이 사용된다. 극미량을 다루는 일이 많은 사람이라면 농도가 0.000 000 2 %라고 매번 번거롭게 표시하기보다 간단히 2 ppb라고 하는 것이 더 편리하다. 그러나 이런 농도 단위들은 용액의 종류와 관계없이 용질의 질량을 기준으로 단순 계산하기 때문에 서로 다른 용질들의 농도를 비교하거나 하는 엄밀한 화학반응에서 쓰기에는 부적당하다.

분자나 원자 수준에서 반응이 일어나는 화학에서는 참여하는 원자나 분자의 개수까지 엄밀하게 반영하여 몰을 이용하는 단위를 쓴다. 가장 엄밀하게 표시하는 몰랄 농도(기호: m)는 용매 1 kg 속에 녹아 있는 용질을 몰 수로 표시한다. 이렇게 하면 용매의 분자 수와 용질의 분자 수가 완벽하게 표시되고 농도도 확실하게 계산된다. 그러나 이 정도의 엄밀성이 필요하지 않은 실험에서는 용액 1 L 속에 녹아 있는 용질의 양을 몰 수로 표시한 몰 농도(기호: M)를 쓰는 경우가 많다. 이것은 몰랄 농도보다는 덜 엄밀하지만, 더 편리하고 많은 경우 충분히 유용하다.

쉬운 예로, 질량 2 g의 균일한 쇠 구슬이 여러 개 있는데 그중에 크기는 같고, 질량은 같거나 다른 구슬들이 섞여 있다면, 불순물의 농도를 어떻게 표시해야 할까? 다음 세 가지 경우를 생각해 보자.

1. 쇠 구슬 9998개당 질량 2 g의 구리 구슬 2개 포함.
2. 쇠 구슬 9998개당 질량 1 g의 유리 구슬 2개 포함.
3. 쇠 구슬 9998개당 질량 4 g의 우라늄 구슬 2개 포함.

불순물로 섞여 있는 구슬들의 개수를 기준으로 계산하면, 위의 세 가지 경우 모두 전체 구슬 1만 개에 불순물 구슬이 2개씩 포함되어 있으므로 불순물의 농도는 0.02 %라고 누구나 대답할 것이다. 그러나 용액의 퍼센트 농도를 계산할 때처럼 불순물의 총 질량을 기준으로 단순 계산하면, 위의 세 가지 경우에서 불순물의 농도는 각각 0.02 %, 0.01 %, 0.04 %로 2배에서 4배까지 큰 차이를 보이는데, 이 수치는 전혀 의미가 없다. 불순물 구슬의 수를 올바르게 반영하기 위해서는 불순물의 총 질량을 불순물 구슬의 개수로 환산하는 계산을 한 번 더 해야 한다.

이와 마찬가지로 엄밀한 화학반응에서는 참여하는 원자나 분자의 개수가 중요하므로 용액에 포함된 용질의 질량을 다시 용질의 원자나 분자 수로 환산하는 계산 과정이 한 단계 더 필요하다. 이렇게 구한 값이 용질에 들어 있는 원자나 분자의 개수를 나타내는 몰수다.

소금의 주성분은 염화나트륨(NaCl)이다. 몰 농도가 1 M이 되도록 염화나트륨 수용액을 만들어 보자. 나트륨(Na)의 원자량은 23.0이고 염소(Cl)의 원자량은 35.5이므로 NaCl의 분자량은 58.5, 즉 NaCl 1 mol의 질량은 58.5 g이다. 따라서 염화나트륨 58.5 g을 적은 양의 물에 먼저 녹인 후 순수한 물을 더하여 전체 용액을 1 L로 만들면 1 M 농도의 염화나트륨 수용액이 된다.

나트륨을 많이 섭취하면 건강에 좋지 않다고 알려져 있다. 염화나트륨 대신 역시 짠맛을 내는 염화칼륨(KCl)의 1 M 수용액을 만들려면 KCl의 양을 얼마만큼 넣어야 할까? 칼륨(K)의 원자량은 39.1로 나트륨의 원자량보다 훨씬 크다. 앞서 말했듯 염소의 원자량은 35.5이므로 KCl의 분자량은 74.6이다. 74.6 g의 염화칼륨을 넣고 수용액을 1 L로 만들어야 1 M의 농도가 된다. 염화나트륨과 같은 질량인 58.5 g을 넣으면 두 수용액의 질량 퍼센트는 같지만, 염화칼륨을 넣은 수용액의 경우 포함된 분자 수가 훨씬 적으므로 실제로는 더 묽은 수용액이 된다.

독의 농도도 측정할 수 있다. 복어 독은 극미량일 경우에는 거의 후유증이 없으나 깜빡 농도를 잘못 계산하면 사람의 목숨이 위태롭게 된다. 복어 요리사가 자신의 몸으로 독의 농도를 대충 짐작해서는 안 되며, 신뢰성 높은 장치로 몰 농도를 정밀하게 측정해서 허용치보다 충분히 낮은 것을 확인해야 한다.

물체가 물에 잠기면 부력을 받는 것처럼 공기 중에 있는 물체도 공기의 부력을 받는다. 공기가 물체에 미치는 부력의 크기는 물체 부피만큼의 공기의 무게와 같다. 프랑스 국제도량형국에 보관된 질량 원기의 질량을 진공 중에서 측정했을 때와 공기 중에서 측정했을 때 차이가 예상보다 더 컸다. 이 문제는 오래 지속되었는데, 한국표준과학연구원에서 대기 중의 각 기체의 조성을 매우 정밀하게 다시 측정한 결과, 질소 분자(N_2)보다 무거운 아르곤(Ar)의 비율이 기존에 알려진 것보다 약간 높다는 것을 2004년 밝혀내서 해결되었다.[3] 즉, 공기의 부력은 기존에 알려진 것보다 0.01 % 정도 더 크고, 따라서 공기의 부력이 없는 진공 중에서 재는 물체의 실제 무게는 기존에 알려진 것보다 약간 더 무겁다는 뜻이다. 이것은 세상 모든 물체에 적용된다. 독자 여러분의 체중도 2004년 이전에 알고 있었던 수치보다 실제는 더 큰 값이라는 뜻이다.

이제 엄밀한 과학적 연구에서 기체든 액체든 고체든 분자의 절대적 개수를 반영하는 몰 단위가 필요한 이유가 이해가 될 것이다.

○°
원자를 세는 시대

우리는 "세상을 이루는 기본은 무엇일까?" 그리고 "원자라는 것이 과연 존재하는가?"라는 근원적인 질문에서 시작해서 몰이라는 단위에 이르렀다.

아보가드로의 가설은 이전에는 그냥 연속적인 물질이라고 생각되었던 공기가 실제로는 아주 작은 알갱이들로 되어 있을 것이며, 또 같은 온도와 같은 부피라면 기체의 종류와 관계없이 그 안에 들어 있는 입자의 수가 같을 것이라는 극히 '비상식적인 제안'이었다. 오랜 시간이 지나고 과학과 기술이 발전하면서 이 터무니없는 가설은 실험적 증거들에 의해 사실로 받아들여졌고, 마침내 1 mol의

---

3 『메트롤로지아Metrologia』, 41, 2004, pp. 387-395. (Metrologia는 측정과학 전문 국제 학술지이다.)

부피 안에 들어 있는 기체의 분자 수인 아보가드로 수는 구체적인 값을 얻었다. 여러 가지 다른 방법으로 아보가드로 수를 측정할 수 있다.

아보가드로 수가 얼마나 큰 수인지 6.022 140 76×10²³ 같은 단순한 표시로는 감이 안 잡힌다면, 약간 바꾸어 보자. 많은 경우에는 $6.02×10^{23}$의 대략적인 숫자로도 충분할 것이다. 좀 더 까다로운 사람들은 더 정밀한 숫자로 표기하기를 원하겠지만, 아무튼 위의 아보가드로 수는 $1×10^{24}$와 비슷하고, 이것은 다시 1억×1억×1억이라는 숫자가 된다. 대한민국의 인구가 5천만 명이니, 사람 1 mol은 대한민국 인구수에 2억을 곱하고 여기에 다시 1억을 곱하는 엄청난 수다.

이전에는 아보가드로 수가 도대체 어느 정도의 크기인지 전혀 감도 잡지 못하다가 6.022 140 76 × 10²³라는 구체적인 숫자가 나온 것으로 충분했다. 하지만 이제 첨단 기술로 1 mol 안에 들어 있는 개체의 수인 아보가드로 수가 오차가 없는 상수로 고정되어 전에는 기대하지 못했던 여러 가지 응용도 가능해졌다.

먼저 원자 세계의 질량 등을 매우 정밀하게 결정할 수 있게 되었다. 양성자, 중성자, 전자 등의 질량과 여러 가지 원자들의 질량도 더욱 정밀하게 측정될 수 있다. 또 현재의 가공기술로도 질량 1 kg의 실리콘 구를 $2×10^{-8}$ 수준의 불확도로 여러 개 만들 수 있으므로 인위적이고 불안정한 질량 원기에 의존할 필요 없이 세계 어디서나 이 새로운 질량 기준을 이용할 수 있다. 미래에는 측정기술과 가공기술이 더욱 발전하여 $10^{-9} \sim 10^{-10}$ 수준의 불확도를 가진 다양한 기준 질량들이 만들어져서 더욱 편리한 질량 단위가 구현될 수 있을 것이다.

이외에도 원자나 분자들이 분해되고 결합하고 치환되는 화학반응의 각 단계에서 물질들을 몰 단위로 매우 정밀하게 다루면 효율적인 반응을 일으킬 수 있고 버리는 물질을 최소화할 수 있다. 또 오늘도 목숨을 걸고 복어 독의 농도를 조금씩 높이면서 치명적인 맛을 극한까지 추구하는 요리사의 수명을 조금이나마 연장할 수도 있다.

몰은 거시 세계와 원자 세계를 이어주는 단위로, 인간의 감각기관이 미치지 못하는 저 아래 아득한 미시세계에서 추상적인 개념으로만 존재하던 작은 입자들에 거시 세계의 단위인 g 등을 부여하여 구체화했다. 그리하여 그들의 물성을 거시 세계와 직접 비교할 수 있게 했다. 티끌 모아 태산이 되듯이 눈에 보이지도 않고 존재 자체도 의심스러운 작고 가벼운 탄소 원자를 1 mol만큼 모으면 12 g의 제법 묵직한 덩어리가 되어 우리의 손으로 직접 다룰 수 있다. 물질 1 mol 안에 들어 있는 개체의 수인 아보가드로 수를 극한의 정밀도로 측정하여 마침내 오차가 없는 상수로 고정할 수 있었던 것은 현대 과학기술의 위대한 성과이다.

【 2018년 재정의 이후 국제단위계(SI) 기본단위의 정의(2019. 5. 20. 발효)】

기본 물리량 (단위의 기호, 명칭)	정의된 연도 (CGPM 차수)	정의
시간 (s, 초)	1967년 (제13차)	초(기호: s)는 시간의 SI 단위이다. 초는 세슘 133 원자의 섭동이 없는 바닥 상태의 초미세 전이 주파수 $\Delta\nu_{Cs}$를 Hz 단위로 나타낼 때 그 수치를 9 192 631 770으로 고정함으로써 정의한다. 여기서 Hz는 s^{-1}과 같다.
길이 (m, 미터)	1983년 (제17차)	미터(기호: m)는 길이의 SI 단위이다. 미터는 진공에서의 빛의 속력 c를 m s^{-1}단위로 나타낼 때 그 수치를 299 792 458로 고정함으로써 정의한다. 여기서 초(기호: s)는 세슘 주파수 $\Delta\nu_{Cs}$로부터 정의된다.
질량 (kg, 킬로그램)	2018년 (제26차)	킬로그램(기호: kg)은 질량의 SI 단위이다. 킬로그램은 플랑크 상수 h를 J s단위로 나타낼 때 그 수치를 6.626 070 15×10^{-34}으로 고정함으로써 정의한다. 여기서 J s는 kg m^2 s^{-1}과 같고, 미터(기호: m)와 초(기호: s)는 c와 $\Delta\nu_{Cs}$로부터 각각 정의된다.
전류 (A, 암페어)		암페어(기호: A)는 전류의 SI 단위이다. 암페어는 기본전하 e를 C 단위로 나타낼 때 그 수치를 1.602 176 634×10^{-19}으로 고정함으로써 정의한다. 여기서 C는 A s와 같고, 초(기호: s)는 $\Delta\nu_{Cs}$로부터 정의된다.
열역학 온도 (K, 켈빈)		켈빈(기호: K)은 열역학 온도의 SI 단위이다. 켈빈은 볼츠만 상수 k를 J K^{-1} 단위로 나타낼 때 그 수치를 1.380 649×10^{-23}으로 고정함으로써 정의한다. 여기서 J K^{-1}은 kg m^2 s^{-2} K^{-1}과 같고, 킬로그램(기호: kg), 미터(기호: m)와 초(기호: s)는 h, c와 $\Delta\nu_{Cs}$로부터 정의된다.
물질량 (mol, 몰)		몰(기호: mol)은 물질량의 SI 단위이다. 1 몰은 정확히 6.022 140 76×10^{23}개의 구성요소를 포함한다. 이 숫자는 mol^{-1} 단위로 표현된 아보가드로 상수 N_A의 고정된 수치로서 아보가드로 수라고 부른다. 어떤 계의 물질량(기호: n)은 명시된 구성 요소의 수를 나타내는 척도이다. 구성 요소란 원자, 분자, 이온, 전자, 그 외의 입자 또는 명시된 입자들의 집합체가 될 수 있다.
광도 (cd, 칸델라)	1979년 (제16차)	칸델라(기호: cd)는 어떤 주어진 방향에서 광도의 SI 단위이다. 칸델라는 주파수가 540×10^{12} Hz인 단색광의 시감효능 K_{cd}를 lm W^{-1}단위로 나타낼 때 그 수치를 683으로 고정함으로써 정의한다. 여기서 lm W^{-1}은 cd sr W^{-1} 또는 cd sr kg^{-1} m^{-2} s^3과 같고, 킬로그램(기호: kg), 미터(기호: m)와 초(기호: s)는 h, c와 $\Delta\nu_{Cs}$로부터 정의된다.

【 이 책에 사용된 약어 】

약어	공식 명칭	
SI (국제단위계)	프랑스어	Système international d'unités
	영 어	International System of Units
BIPM (국제도량형국)	프랑스어	Bureau international des poids et mesures
	영 어	International Bureau of Weights and Measures
CGPM (국제도량형총회)	프랑스어	Conférence générale des poids et mesures
	영 어	General Conference on Weights and Measures
CIPM (국제도량형위원회)	프랑스어	Comité international des poids et mesures
	영 어	International Committee for Weights and Measures

이 도서는 한국출판문화산업진흥원의 '2021년 출판콘텐츠 창작 지원 사업'의 일환으로 국민체육진흥기금을 지원받아 제작되었습니다.

눈금 위에 놓인 세계

측정과학자들이 들려주는 일곱 가지 기본단위 이야기

초판 1쇄 발행 | 2022년 1월 3일

지은이 | 크리스 글벗(강태원, 구자용, 박병천, 박창용, 이동훈, 이승미, 최재혁)
펴낸이 | 이은성
편 집 | 구윤희
디자인 | 전영진
마케팅 | 서홍열
펴낸곳 | 필로소픽

주 소 | 서울시 종로구 창덕궁길 29-38 4, 5층
전 화 | (02)883-9774
팩 스 | (02)883-3496
이메일 | philosophik@hanmail.net
등록번호 | 제2021-000133호

ISBN 979-11-5783-230-9 03400

필로소픽은 푸른커뮤니케이션의 출판 브랜드입니다.